U0215286

逸景觅踪

张延信盆景艺术

张延信 编著

徐文治题

中国林业出版社
China Forestry Publishing House

图书在版编目(CIP)数据

逸景觅踪：张延信盆景艺术 / 张延信编著．-- 北京：中国林业出版社，2022.4
ISBN 978-7-5219-1591-4

Ⅰ．①逸… Ⅱ．①张… Ⅲ．①盆景－观赏园艺－中国－图集 Ⅳ．① S688.1-64

中国版本图书馆 CIP 数据核字 (2022) 第 038997 号

策划、责任编辑：张华
图片摄影：张延信
出版发行 中国林业出版社
(北京市西城区德内大街刘海胡同 7 号)
邮　编 100009
电　话 010-83143566
印　刷 河北京平诚乾印刷有限公司
版　次 2022 年 4 月第 1 版
印　次 2022 年 4 月第 1 次
开　本 889mm×1194mm　1/16
印　张 12
字　数 300 千字
定　价 198.00 元

作者简介

张延信

号逸景斋主人，山东省济南市人

中国风景园林学会花卉盆景赏石分会常务理事
中国盆景高级艺术师
（BCI）国际盆景协会中国委员会会员
济南市盆景艺术促进会副会长
中共党员
审计师
中国注册会计师
供职于济南市天桥区审计局

济南地处齐鲁腹地，倚泰山而带黄河，齐鲁文化源远流长，儒家思想底蕴深厚，“家家泉水，户户垂杨”，自然环境优美。在环境的熏陶下，张延信先生对中国传统文化产生浓厚的兴趣，对河山之美、泉林之胜有敏锐的洞察力。自幼养花种草，培养了对植物的热情。1983年偶得徐晓白、张人龙、赵庆泉合著的《盆景》一书，从此对盆景产生了浓厚的兴趣，踏上了盆景学习、创作的道路。

《盆景》一书，是张延信先生的启蒙之书，后来，又陆续购买到赵庆泉先生的《赵庆泉盆景艺术》等著作研读学习。赵庆泉先生的创作思想、艺术观点、制作技艺以及作品分析都深刻地影响着他，指引着他学习创作，特别是赵庆泉先生“功夫在诗外”的主张，“继承并不局限于盆景本身，中华民族的传

作者简介

统文化博大精深，应该从整个传统文化中汲取营养”的观点，奠定了他盆景创作的思想基础。

他对以儒、释、道为代表的传统文化及植根于中国传统文化的诗、书、画、印进行学习和研究，饱览自宋、元、明、清到近现代各大家的山水画作和画论著作，探索中国绘画不同历史时期的发展变化和艺术风格。系统学习中国画论、诗韵以及《林泉高致》《芥子园画谱》等经典著作，经过多年不断的学习，确定将元四家的简逸萧疏文人情趣和文化品格，作为自己水旱盆景艺术研究方向。

他交游于书画界朋友之间；通览各种有关盆景艺术书刊、杂志，寻找机会求教于各位大师；孜孜不倦，探求盆景之“道”。

1985年，他创作盆景处女作——《竹下寻幽》，并着手研究国内及日本有关盆景资料，梳理盆景创作的理论知识。2007年第一次参加山东省城市园林绿化博览会盆景展获得银奖，其后在第七届世界盆景友好联盟大会、第十二届亚太盆景赏石大会，2019年中国北京世界园艺博览会，2019年遵义国际盆景赏石展，全国第七、八、九、十届盆景展等展会上，共获得金奖6项。其中遵义国际盆景赏石展上水旱盆景《云林逸景》获得国际金奖。在历届展会上，先后获得银奖、铜奖20多项。应《花木盆景》和《中国花卉盆景》杂志社邀请，发表数十篇盆景创作的文章。接受《盆景世界》微媒体的邀请，发表了《林泉禅静》创作札记及获奖的部分作品。

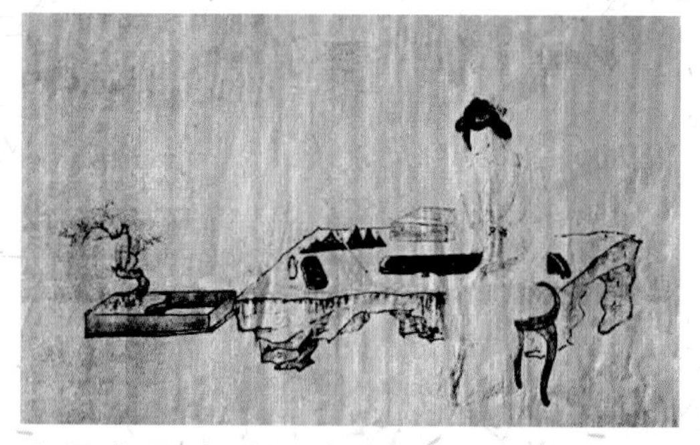

水旱盆景这种形式在宋元时期已经出现，明代已有水旱盆景专用盆，清代已比较多见

与赵庆泉先生合影

1985年，作者处女作——《竹下寻幽》

作者简介

2018年，济南电视台对张延信先生的盆景艺术给予了两次专题报道，同时《济南时报》《济南商报》、梨视频等媒体也给予了报道。

张延信先生钟情于水旱盆景，认为水旱盆景中树、石、草、苔、人物、配饰等组成元素种类繁多，艺术语言更丰富，便于表达作者丰富的思想感情，营造美好的意境。同时，中华民族传统文化中有寄情山水、隐居山林的传统，在文学作品和绘画中山水都作为独立的艺术种类而存在，具有深厚文化传统，水旱盆景能够体现独特的中国传统山水文化。结合对中国山水画的学习，张先生对盆景的“写实”与“写意”的理解更加深入，认为“写意”更能够直抒胸臆，“我写我心”“不为法缚，意超象外”，特别是以宋末元初文人赵孟頫《鹊华烟雨》为肇起，以“元四家”为代表的山水画创作团体，重视画家主观意志、兴趣和思想感受，重视主观抒发，追求简淡高逸、苍茫深秀的具有文人情趣的艺术风格，绘画作品中诗、书、画、印进一步密切结合而开后世之风尚，增强了中国画的文学趣味，更好地体现了中国画的民族特色。对盆景创作和后期制作，有较强的融合空间。

他从学倪瓒入手，用“阔远法”营造水旱盆景，将折带皴法纳入盆景的造山布石，以“一水两岸三段式”造景打破水旱盆景“溪涧式”“水泮式”等传统模式，丰富了造景方法，丰富了盆景意境的表达方式，作品更具文人情趣和浓郁的民族文化特色，首作《泊舟远眺》《春江待舟》，实现了作者要表达的清旷、悠远、寂寞、萧疏、安详的意境。并且在后续的创作中，不断超越，不断实现自我意识的突破，相继创作出《寒林阔野》《云林逸景》《山水清音》《疏木江天》等作品。

从一件件作品我们看到，初期的谨慎工整逐步发展到作者的创作激情肆意流淌、潇洒娴熟——张延信先生把简逸萧疏的盆景创作风格呈现在世人面前！创造性地使用“阔远法”，一水两岸，远山阔水，表现开阔的意境，其树萧疏简逸，茅亭寂寥无人，所造之境荒寒寂寞、简淡超脱，体现了中国文人“究天人之际”，对世界的深邃的哲学思考，形成了独特的个人风格。

张延信先生喜爱松柏，20多年来，他收集松柏素材进行长期培养，放养、淘汰、调整、改造、嫁接，经过几十年努力，已经是佳构初成、风采初具。

他在小微盆景的创作中，善于把树石精神浓缩于盈握盆盎之中，结合花鸟画的创作规律，把小微盆景做得'有趣味，有神采。独特的配盆，巧妙的组合，形成了自己的艺术风格。在国家盆景展中，先后获得3个金奖、1个银奖。曾以获金奖作品《逸景秋韵》为例撰文，在《中国花卉盆景》杂志上就小微盆景组合应遵循的规律做了介绍。

他还善于接受新观念，学习使用新方法，探索新技法，发现新素材，始终以一个开放的姿态进行盆景的研究和创作。在附石技法的应用中，他创造性地将开槽附树、附石的技法应用到山水盆景创作中，解决山水盆景栽树难、养护难的问题，使树石更好地融合，石因树而活，树因山而秀；他攻克了水旱盆景中沙滩的塑造难题；发现和使用一种国家尚未命名的垂枝柏树，并名之曰柳柏，以之创作柳树风格的《春江待舟》，取得很好的效果。

张延信先生惯于将中国传统的诗、书、画、印章等多种文化元素运用到盆景的后期制作中，与盆景画面完美融合，增强艺术感染力。

他认为，中国传统文化是我们无尽宝藏，在传统文化中汲取营养，结合现代理念，运用新技术、新方法，必定能够推出具有中国特色，符合时代精神的盆景作品，实现艺术的不断创新发展，彰显中国特色，宣扬时代精神。在盆景艺术的发展道路上，他努力探索，痴心问道，步履坚定，执着前行。

序 一

国庆前夕，从江苏沭阳举办的第十届全国盆景评比展上传来喜讯，张延信先生创作的水旱盆景《山水清音》从全国各地精选出的700余盆盆景佳作中脱颖而出，荣获金奖。

张延信先生是一位专职的注册会计师和审计师，从事盆景艺术仅是他的业余爱好，但他却在盆景专业高手如林的国内、国际盆景大展中力压群芳，屡获金奖、银奖，这是难能可贵的。究其原因，除了张延信的天赋和悟性外，首先是他生活在“家家泉水，户户垂杨”的济南，自幼受大自然的熏陶，他师法自然，恭敬地向大自然学习。其次是张延信先生熟读诗书，认真研究画理，他广采博取，从其他艺术形式中汲取有益的营养，故他的作品因入画、入理、入胜、有内涵、有深度、有书卷气，而意境深邃，他使中国传统文化的审美情趣在盆景中得到充分体现。张先生近40年来还虚心向盆景大师求教，孜孜不倦、坚持不懈地不断创作实践，终于水到渠成、瓜熟蒂落，成为盆景界的一名佼佼者。

张延信先生盆景技艺比较全面，无论水旱盆景、树木盆景、小微盆景都有涉足，且均有佳作完成，尤以水旱盆景著名。现张先生将他丰富的盆景创作经验总结汇编成《逸景觅踪》一书，供广大盆景爱好者和专业工作者参阅。

《逸景觅踪》图文并茂、装帧精美、文字流畅，书中许多盆景佳作都有赏析和评论的文字，便于读者欣赏和理解，书中既有理论阐述，也有实际操作的图解说明，读来清晰明了，这是近年来一部优秀的盆景著作。因此，我深信该书的出版一定会深受广大读者的欢迎！

最后祝张延信先生百尺竿头更进一步，创作出更多更好的盆最佳作！

胡运骅

2020·国庆

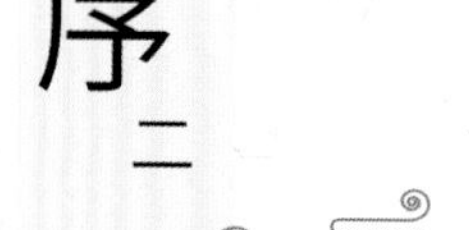

序二

诗情画意是中国盆景的重要特色。画意者，是对大自然的美景进行高度的概括、提炼，然后通过树木、山石等材料，在盆中营造出富于艺术美的如画之境；诗情者，则是在创作过程中，将作者自己的思想、情感注入其中，化原本无情的山水之物为情思，在有限的空间里表现出无限的艺术景象，使观赏者不仅看到盆中之景，还能联想到景外之景，领受到景外之情，从而产生情感的共鸣，达到景有尽而意无穷的境地。这也是人们常说的意境之美。

张延信先生酷爱盆景数十年，在创作中一直以表现诗情画意为追求。他以中国画作为借鉴，饱览历代山水画作，系统学习中国画论，从中汲取营养，用于盆景创作。

空间处理是体现中国盆景民族特色的一个重要方面。如果将盆景看作立体的山水画，其“画面”上也有着很多空白之处。这种空白在中国画中称作“留白”。留白可以给作品带来生气，给人以想象的空间，犹如音乐中的“此时无声胜有声”。盆景的空间之美就是依赖留白来实现的。张延信先生的盆景创作，通过树木枝叶的疏密取舍、景物布局的聚散安排，以及空间的大片留白，使各个部分形成鲜明的对比和节奏变化。

线条是中国传统艺术的灵魂。在中国的绘画、书法、音乐、建筑、园林等各类艺术中均有体现。它也是中国盆景的重要表现手段。中国盆景从古代起就注重通过线条表现画意。每种线条都有其性格特征；粗细刚柔，轻重缓急、抑扬顿挫，无不表达着内心的世界和民族文化的内涵。在张延信先生的盆景作品中，从苍劲高耸的树木，到蜿蜒曲折的坡岸，都能看到线条手法的运用。

在民族特色的大背景之下，张延信先生也有其个性表现。他特别崇尚中国画“元四家”那种天真幽淡的格调和荒寒空寂的意境，尤其喜爱疏朗有致的倪云林山水图式和“逸笔草草”的文人画风格。

倪云林的画作，多见疏林坡岸、浅水遥岑，布局疏简，直抒性情。这种缥缈无痕、逸笔草草的山水画风在中国传统山水画中出现的频率极高，但若以盆景表现，则须做到“一树一石皆情感，一枝一叶见精神”。其难度可想而知。因此，张延信先生的这种创作取向，也注定他的艺术创作尚存在很大的提升空间。

欣悉张延信先生将其对盆景艺术的感悟和部分作品的案例编写成书，与读者交流。受其嘱托为序，寥寥数笔，略写一点感言。期待此书能引起更多人对中国风盆景的重视和喜爱，同时也衷心希望张延信先生在追求民族特色盆景艺术的道路上走得更远。

2020年10月

前言

盆景起源于中国，与诗、书、画等一样，是从中华传统文化派生出来的艺术之花，传统文化的审美精神就是中国盆景的灵魂。

中华传统文化的本源是以儒、释、道三家思想为基础的，中华传统文化精神具体影响了中国艺术，比如诗歌、音乐、书法、绘画、舞蹈等，在中华文化的滋养下，各艺术门类形成各自的艺术体系，探索其中的规律，即所谓求“道”，问“道”。

作为一个盆景人，我一直在探寻盆景之道究竟在哪里，它是怎样的一种状态。

“君子务本，本立而道生”，我们做事情，必须要先抓其根本，然后才可以派生一切。我们做盆景，盆景的“本”是什么？我理解的是：植物呈现的“生意”，“树、石、土、盆”呈现的“静谧”，以及“树、石、土、盆”变化的“韵律”。一言以蔽之，即“生意，静谧”。韵律，是盆景之本。我们需要思考的是如何认识、把握在变化中所形成的“韵律”。

在中华文化传统中，有三个字在一定程度上可以概括这种变化，第一个是“易”，就是变化，第二个是“礼”，是有节制，第三个是“和”，就是在“易”与“礼”之间达到和谐的状态。中华传统文化追求“和”的状态，我认为这是传统文化的核心之一，也是盆景创作应当遵循的重要规律！

在盆景创作中，我坚持“立意”为先，坚持“写意”为主，“兼工带写”。对传统文化在盆景创作中的体现，做了细致的研究。在水旱盆景的创作中，挖掘山水画的理论、技法，使之与盆景结合，指导盆景创作，引入了“阔远法”在布局中的应用，尝试“折带皴法”在表现技巧上的实践。

在意境的营造中，我注重了传统文化对世界本源的哲学思考及“寂寞”的体现。盆景要有意境美，一件成熟的作品能给予人美好的精神感受，优美的意境是盆景作者应有的追求，是诗情画意的流露，是道德修养的外现，我所追求的意境，是寂寞、优雅、闲适、静谧、安详，是东方艺术的诗情画意。

本书收入了我各个时期的盆景作品，分为水旱盆景、树木盆景、微型盆景组合、小品清供四部分。其中水旱盆景部分，我整理了具有代表性的部分作品以及相关赏析文章、创作札记，并且以盆景作品、品评、创作札记等相关文章为单元，按照作品创作

时间，采用倒序的方法编排。这样编排的目的是将代表性强的作品首先呈现出来，便于读者形成总体印象，逐步了解作者的创作风格的形成和变化，以及部分作品的创作过程、选材标准、技术要求。以期为读者呈现出完整印象，便于读者品评和指正。

树木盆景以松柏为代表，培育一二十年，已经风神初具。

在小微盆景部分，选取了曾经参展的组合，并收录有关微型盆景组合个人见解的文章，展示小微盆景的和谐搭配效果，和巧妙组合的清雅逸趣！

我斋号“逸景斋”，故书名《逸景觅踪》，取对盆景之美的向往，对盆景之“道”的探求实践和回顾之意。

出版此书，是我对38年来盆景之路的回顾，是对在创作之路上学习领悟的梳理，希望得到广大师友的批评、指正和教诲。如果我的探索、感悟能够对同好有所启发和帮助，则是我莫大的欣慰！

“路漫漫其修远兮，吾将上下而求索”。盆景艺术起源于中国，中国盆景独具诗情画意；中国盆景走向世界，必将特立于世界盆景艺术之林而大放异彩！

追求，探索，一直在路上！

2020年9月9日

目录

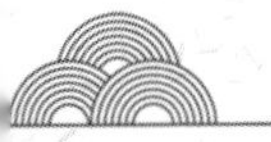

目录

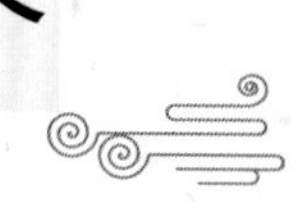

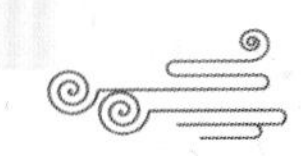

目录

水旱盆景

作品赏析

简逸萧疏

JIANYIXIAOSHU

幽亭秀木

漂泊终年未有庐
溪山潇洒树扶疏
此时若遇云林子
结个茅亭读异书

岁在壬寅春
拟清弘仁诗意制景

作品名称：幽亭秀木

规格：长115cm，宽55cm，高80cm

树种：鸡爪槭

石材：龟纹石

疏木江天

疏林指卷穹
江天远山映
何人登舟去
瘦桥对空亭

辛丑春逸景斋

第二届全国中青年盆景创意展　**金奖**

作品名称：疏木江天

规格：长115cm，宽55cm，高85cm

树种：三角枫、鸡爪槭、石榴

疏木有真意　江天任自由

——张延信先生《疏木江天》作品赏析

王森

《疏木江天》是张延信先生第三盆贺岁盆景。

平日里忙于工作，借春节相对较长的整块时间，把构思良久的图卷创作出来，挥洒云盆之中，将水旱盆景呈现于新春之际，已是连续第三个年头了。

张先生信奉“盆景是无声的诗，立体的画”，追求盆景的诗情画意，他崇尚澄净、清雅的审美旨趣，欣赏萧疏、简逸的恬淡之气，在他的盆景作品中无不流露出这样的气息。

就形式结构来看，张先生的系列作品，可以说一个“疏”字，尽得风流！于空疏处，诗意流淌！

《疏木江天》水旱盆景，秉持了先生一贯的创作风格，画面空疏，留白占画面的二分之一还多，疏秀空灵，纵目可眺远山隐隐，望阔水迢迢；举步可登岸坡渚岛，临空亭瘦桥；扶高树可仰啸阔水长天，对清风能吟唱今古渔樵。水阔而不空，心神安详；岸幽而不荒，气定神闲。人入画中，心游神驰，物我两忘，天人合一。作品形散而神聚，意舒而气凝。正是先生一贯的创作风格。

张延信先生常讲“盆景的功夫在盆外”，品诗赏画，涵养慧心，厚积薄发，意在笔先。他推崇文人画，推崇倪瓒的创作风格，认为中国文人画的空疏，并非单纯的形式感问题，还包含着与佛、道思想的一定关系，倪瓒道家追求的那种所谓“不着一字，尽得风流”的完美形式，是中国哲学思想在画作中的体现，在倪瓒艺术的空疏中得到了反映。倪瓒的画“空”，如抚琴者得弦外之音，吟诗者得言外之境，因为艺术的审美境界是无限广阔的。

制作欣赏盆景，除了看它的树石布局，还要看它的留白处。树石外的留白，同样是盆景画面的组成部分。能使欣赏者，“对云山野水，起无限之思”的艺术效果。一言以蔽之，空灵疏秀是一种艺术美，正因为它美，中国传统的文学、艺术，都在不同程度地追求着这种艺术美。

先生作品屡屡获奖，得到盆景专家、大师们和盆景界同仁的好评，应该是其作品中浓郁的文化气息，独特的审美情趣感染了观赏者！在他的盆景创作中，凝聚和贯穿着对传统文化的追求和对传统美学的理解传承，特别是近几年在国家盆景展上获奖的水旱盆景作品，简逸萧疏，空灵疏秀，凸显个人风格，成为另外一张名片。

读书、交流、创作，在传承中寻求创新，在创新中秉持传统，张延信先生坚守这个理念，坚定前行！

张先生说，下一盆水旱盆景已经构思良久，树、石、云盆都已经到位，树还要调整培养一年，云云……

那是怎样的一幅画卷呢！让我们耐心等待！

山水清音

阔水寥寥汀沙新
山峦起伏桥一痕
萧疏林立通墨趣
简意茅亭宜操琴

庚子春逸景斋

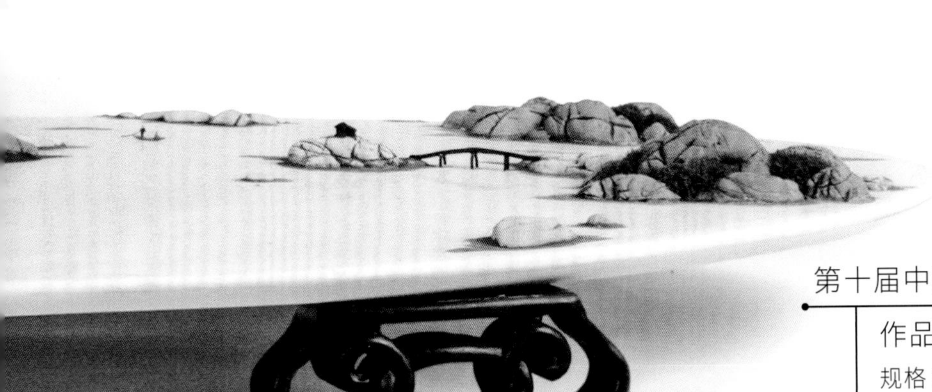

第十届中国盆景展　**金奖**

作品名称：山水清音

规格：长115cm，宽55cm，高75cm

树种：三角枫

石材：龟纹石

山水有清音　得者寸心是

——张延信先生新作赏读

王森

2020年的春节异常沉闷，大年初一，正无可奈何，心绪烦乱之际，收到张延信先生微信，发来盆景新作图片。一看之间，顿觉如沐清风，如闻花香，烦闷顿消，精神为之一振！

——先生的水旱盆景新作告竣，照片到了！图片下缀四字，曰：《山水清音》。

山水清音！的确是山水清音！云盆洁白无瑕，素雅坚致，为配合作品表现，舍去盆沿，成为一椭圆平板，从盆景正面看去，一览无余，宽阔平整，完美配合所表现远山阔水。而左侧堆土筑丘，坡面起伏成绵延之状，叠石造岸，坡岸嵯峨现蜿蜒之形；上植高耸之三角枫，以示乔木之象，树相虽老而清劲挺拔，落木萧萧，彰显凌然之气，气通天地，肃然沉静，仪态安详。乔木四周，点缀杂树，以示树木远近，丛林疏密之变化。其间争让有度，虚实相生，分朱布白，和谐流畅。

林脚水边，巨石出岸侵入水中，上置茅亭，亭内高士兀坐而挥五弦。一时间，林泉和鸣，水光与远山相照，天地一统，无岸无涯，时光静止，身心澄澈，天人合一，亦即心与意和，意与境和，无我无相，身心畅快！

左侧崖岸、树、石、坡、崖，刻画细致，变化丰富，观者如临其境，如游其中。隔岸远眺，则阔水遥遥，远山脉脉。中间岛、屿、汀沙、桥痕、舟影、呼应远山一脉，贯通一水两岸。水面宽阔平静，假舟船则动态生，设琴俑则音律起，船夫、琴人相向，静中有动，动静相生，水远而可渡，山静有清音；置板桥、房舍隐隐，远岛不孤，如闻人语，如聆琴声。远山虽遥，目力穷而得一线，知山脉绵延无尽以至无穷；岛屿次第，假舟桥而知远山可及，长河可渡，知音能访！

感叹张延信先生之痴也！

两年来，大年三十，普天之下，歌舞升平，处处欢歌笑语，千家万户，辞旧迎新，人人奔走相庆之际，他独自“躲上小楼成一统”创作盆景，不是痴吗！！

临盆景新作照片而慨叹，唏嘘不已！

张延信先生痴迷盆艺，引国画理论入盆景创作，首用阔远之法，造平远开阔之境，宽人胸怀，涤人心虑，开盆景创作之新境地，突破自己以往水旱盆景仅仅表现山之一角、水之一隅、林之一侧的局限，为盆景创作独辟一蹊径。言及盆景，张延信先生常道：“盆景的功夫在盆外”。他身体力行，知行合一，偶得闲暇，吟诗赏画；每有盆景新作，精心拍照，咏唱，赋诗；浸淫其间，极得天趣。谈及历代知名山水画作，娓娓道来，如数家珍，画史画论、造园专著，每每手不释卷，早晚研读，常言：“传统文化博大精深，有继承才能有突破”。其水旱盆景近学赵庆泉先生，《八骏图》《古木清池》烂熟于心，心摹手追；远师历代山水画作，尤其于“元四家”颇多用心，终究以倪瓒阔远法寻求突破。从倪瓒阔远法入手，融汇“四僧”，旁及诸家，再走出倪瓒，逐步形成简逸萧疏的创作风格，望之平淡，观之有味，品之清奇，引人以冥想，细赏之则形神雅致，逸景流韵！物我两忘，发人幽思，神游画中而不知返。

去年的大年初一与今年相似，张延信先生发来新作照片贺岁，即在“2019全国中青年盆景创意展暨现代书画作品展”上获取银奖的《寒林阔野》。我打电话祝贺先生新年和新作，并问先生新作何时告竣；张延信先生淡淡地说：“昨天，年三十了，孩子们都在家，没别的事，就做了出来，拍了拍照，用了一天工夫。”张延信先生轻描淡写，“一天；制作，拍照一天完成！您真是‘快手’啊”！“呵呵”张先生轻轻一笑说，“这个作品我构思一年多了，树、石、配件等早就准备好了，石头也都裁切好了，就是组合一下。”张先生说来一身轻松！构思、筹备、制作之艰辛都置之脑后，竣工之欣喜似荡漾于眼角。

张延信先生向来主张立意为先，在实践中印证自己的理论，在实践中寻求创作的规律，常言：“要找到盆景的‘道’究竟在哪里，要遵循‘道’去创作。”

“阔远法”近岸、远山、阔水表现手法所呈现出的效果

张延信先生遵“道”而行，恭敬、谨慎，绝不含糊。他在阔远法水旱盆景创作中，表现远山所用配石，要求薄而富变化，以其矮彰其远，为防止石头裁切太薄而致破碎，采用“粗切细磨”之法，不厌其烦，一丝不苟；一抹远山，一块驳岸石，反复对比、调整、磨、切、安放，不肯半点马虎！深思熟虑，充分准备，条件具备，则一气呵成！

回顾张延信先生的水旱盆景，《鹊华烟雨》《秋山论道》《泊舟远眺》《寒林阔野》《云林逸景》《山水清音》，构图简而不凡，逸气横生，萧索明快，疏落有致，置展台之上，未必夺人耳目，然品读后必定怡情悦性，耳目一新，怡然有所得，幽思而入冥冥。

张延信先生崇尚宋元文人画风，创作盆景力求其简，要简到无可再简，要提纲挈领、简不害意；细节处则不厌其烦，细致精到，毫发毕现。眼前这盆《山水清音》，近岸乔木在整个画面中体量大，占用空间大，先生则力求其简，约略概括，达意即止。

张先生说“这盆盆景，是要表达那种大的空间，大的气场，营造的是平静、幽远、疏朗、开阔的山水格局，要给人以安静祥和的感受。近岸突兀，树木高大，远山低矮，成薄薄一线，乃遵循近大远小透视规律，借以把水面拉开，营造开阔意象；再用小岛、滩涂、桥、船点缀，两岸就有了交流，有了联系；水面虽然开阔，要凝神聚气，各部分要相互照应，如书画之笔断意连，顾盼呼应，气韵贯通。岛、礁、船、桥丰富了盆景内涵，增强了两岸的联系。就像音乐一样，高低音要协调，变化要有个度，不能因为强调树的美而淡化远山，也不能因为强调远山而忽略与树、与岛礁之间的比例关系，一切以创造意境为目的，文学作品中叫作材料为主题服务，主题统领材料。

该作品，成功再现了岛、岸、沙滩水面的完美过渡。我问张先生：“沙滩的塑造，是您技术上的创新吧？”先生说：“一直想表现出沙滩这一景观，自然界中，江、河、湖、海之滨处处有沙滩，它是水与陆地的过渡，有独到的美感，在国画山水中普遍都有描述，在盆景创作中却一直难以体现，几年来我请教过很多同行，自己也反复试验，试用过多种材料和方法，都没有达到预期效果，这次实验成功，达到了预期的沙滩的质感要求，效果很好。”的确，这项新技术为新作增强了艺术感染力，近岸岛屿之细致刻画，与远山之简略一抹，形成对比，顺应透视规律，实现了完美过渡。

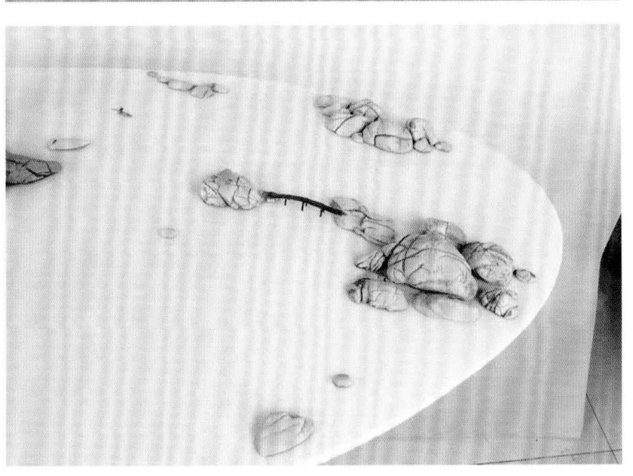

“道”是相通的，美最容易共鸣，张延信先生每一盆作品都凝聚着他对“道”的探索，对美的追求，和对“技”的摸索与尝试，他的努力也得到了盆景界专家和大师们的肯定。

2012年《鹊华烟雨》获第八届中国盆景展银奖；

2016年《秋山论道》获第九届中国盆景展银奖；

2018年《泊舟远眺》获第五届中国精品盆景（沭阳）邀请展银奖；

2019年《寒林阔野》获2019全国中青年盆景创意展暨现代书画作品展银奖；

2019年《云林逸景》获2019（遵义）国际盆景赏石大会金奖。

张延信先生历年来水旱盆景的获奖作品，体现出其在水旱盆景艺术创作中的探索轨迹和“简逸萧疏”风格的形成、发展到走向成熟的历程，体现出其融合绘画原理。所创立“阔远之法”在盆景艺术创作实践中已趋于完善和成熟，丰富了盆景创作的艺术表现手法。“简逸萧疏”“阔远法”已经成为张延信先生的一张名片。

然而张先生并不满足，他要探求盆景艺术之“道”！

张延信先生是中国注册会计师，长期的职业修养和个人修为，做事严谨、谦虚，真诚已经成为习惯。他把《山水清音》照片发给我，谦逊的要我提点意见，我问他新作中沙滩的制作是您的技术创新，能否透露一下？”他随即把局部细节的照片又发了过来，把所用材料，技术要领娓娓道来，细节部分特别强调，唯恐听不懂、学不会！毫无保留，和盘托出。

赏读张延信先生的盆景作品，恍如见先生，儒雅、笃定，近40年来读书研画，创作盆景，孜孜向道，默默耕耘，坚定前行。

言犹在耳：“我在琢磨，盆景艺术的‘道’究竟在哪里。”

从他的盆景作品里，仿佛听到了回答！看到了答案！

（本文章发表于中国风景园林学会花卉盆景赏石分会官网）

《山水有清音　得者寸心是！——张延信先生新作赏读》的读者评论摘录：

摘自于中国风景园林学会花卉盆景赏石分会官网

刘振强：

近年来，张延信先生盆景作品屡有新作参展并获奖，继去年创作《云林逸景》之后，闭门构思又创作了水旱盆景《山水清音》。

延信先生勤思好学，盆景制作追求画境，每有灵感，即动手而作。观其山水盆景，与中国山水画的要求是同声相应的，其精神正是从山水画精髓而来。中国山水画散点透视关系中的“三远”法以及近大远小，远水无波，远人无目，寸马豆人关系的绝妙处理尽览无遗。

盆景制作在漫长的艺术发展历程中，雅俗观不断流动嬗变，内涵丰富而复杂。受儒、道、释思想的影响，不断追求以静为雅、以空为雅、以景入画的境界，以求品格的提高。但入雅的关键不在于所摹之迹，而在于作者自身主观修养、精神气质，学识修养之高下，观延信先生的山水盆景作品，特别是《云林逸景》《山水清音》，似入中国画元四家画境。元人之画以萧疏见长，近景多为平坡，上有丛树，间有茅屋或幽亭，中间为平静之水，远景则是坡岸或起伏山峦，笔墨无多，多用枯笔，章法极简，意境幽深。延信先生盆景制作构思巧妙，恰到好处，颇有元人画作遗风。彰显了作者融中国传统文化为一体，借鉴中国书画艺术的理念，在盆景艺术方面不断探索进取的创新精神。

延信先生在中国传统文化、特别是中国山水画与盆景艺术的结合方面下了一番苦功，购买了大量书籍和资料，观看展览，收集有关书画作品，在培植选材方面更是用功讲究，时而废寝忘食，达到痴迷的程度，逐渐形成了个人风格。

俞剑华先生云：“人品必高，学问必深，才情必富，思想必正，见闻必广，学习必勤，胸襟必宽，诗词必妙，书法必工，然后画出画来，才能合于文人画的标准，才能成为杰出的画家。”盆景艺术创作亦然，个人内在修养被看作是鉴别创作主体和作品雅俗的重要依据之一，而不仅仅以技术高低为标准。故画之脱俗实乃人之脱俗。

观延信先生作品，其实乃脱俗之人也！

云林逸景

疏林依稀焦墨迹
浅草萋萋净无泥
水天一色骋目力
云烟尽处青山依

己亥首夏逸景斋

2019年中国（遵义）国际盆景赏石大会 **金奖**

作品名称：云林逸景

规格：长130cm，宽70cm，高90cm

树种：三角枫（*Acer buergerianum*）

石材：黑云母石

品读《云林逸景》

——赏景论画说云林

王森

张延信先生《云林逸景》水旱盆景作品告竣，有幸得以先睹为快。倪云林画作特有的那种萧疏隐逸之境，古淡天真之风，跃然盆上，清雅之气，和着墨香扑面而来，好一派“云林气象”！

洁白清雅的汉白玉云盆是先生做山水盆景的首选，必定要石质细腻，洁白无瑕，并特意选用无沿椭圆形云盆，以更好表达阔远之意。黑色的云母石筑建泊岸，勾勒远山；青苔色彩斑驳，布满岸边坡头，几束短草零落静植，顽石数方，散布草间树下，随性自然，坡面舒缓，起伏有致，草、苔、石颜色鲜明，淡雅柔和而富于变化；近景是舒缓的坡岸，主体为两组丛林三角枫，均为一本四干，左边一组，树势庄严，挺拔劲健，有顶天立地之气势，有力举千钧之豪迈，树干光洁，清爽利落，一如倪云林差人反复清洗过，渗透着云林那种洁净成癖个性特点，契合主题，彰显意境；其三干聚敛，一干斜逸，变化统一，聚散得体，做为主景树，引领主题，当之无愧！缓坡上与之呼应的另一组丛林，也是一本四干的三角枫，树干光洁干净，布枝规整，较之近景其树体略低矮，且富于变化，三拢一斜，收放率性自然，整体右倾，呼应对岸，呈现应答之势，顾盼之姿。

两组景观同为枫树，40多年的树龄，根盘隆起，抓地有力，布枝严谨，争让得体，树体挺拔俊秀，疏落有致，清劲老到，十分难得。同是一本四干，同是三拢一逸，然有高低之别，疏密之变，庄谐之异，如此同中求异，协调中求变化，用心之良苦，可见一斑。拙中蕴巧，不禁令人赞叹技艺之高妙！

两组丛林近高远低，主体端正而从树放逸，远处岸边，无人凉亭临水而立，若隐若现，凉亭更远处，放眼望去，隔迢迢水面，远山一脉，隐约重合与天际线，舒缓起伏，

《云林逸景》局部

变化幽微，正所谓“一痕山影淡若无”，巧妙再现倪瓒阔远法所营造的景象，宛如焦墨枯笔，信手写出，看似率意，而法度严谨、顿挫有力，画境平淡冲和，呈现出沉寂与超然之意境。山遥遥而可至，水漫漫而有涯，顾盼近景，形成对比！

与近景缓坡相对应的右前方，是中景的小山，其色如黛，隔水相望，此呼彼应，撑开了画面的宽度，形成大的气场；其气接远山，势连近坡，勾画出阔远法经典的一水两岸三段式构图，山体由黑云母石堆筑而成，从颜色的深浅变化，到山势起伏表现，张先生布石如画家运笔，中锋、侧锋，交替勾画，信笔捻就，笔墨意趣，跃然盆钵之上，风骨挺秀、意趣天然。凭水放目，视线尽头的山脉，遵循绘画的透视理念，“远取其势，近取其质”，王维所谓“远山无树，远人无目”，在此处，远山仅微微一线，所谓峰峦沟壑、飞瀑流泉，终因云遮雾挡、目力所困，不得而见，形尽其简，意尽其远，而幽思极尽其渺茫！一凭读者的想象翅膀，自由翱翔！

缓坡简树，远山阔水，步入此景，使人不自觉地撇下繁芜的世事，清静身心，涤荡胸怀，尘思俱忘，融入画中！整幅画面开阔，林不密，山不高，岸坡舒缓起伏，空间疏朗空旷，足以游目骋怀，寄托身心，放逐形骸！终究物我两忘，涤荡心灵！

请问张先生，此作是您研究倪瓒绘画，借鉴绘画理论指导盆景创作的系列作品吧？

正是。

倪瓒画作以阔远法为独到，什么是阔远法？北宋韩拙认为“有近岸广水，旷阔遥山者，谓之阔远”；他还说：“山根岸边，水波亘望而遥，谓之阔远”。也就是近景是岸，中景是宽阔的水，远景是山。所描绘的对象，多属于山林湖泽、远浦遥岑之类，在我们的生活中最为常见。其意境悠闲宁静、坦荡开阔。在他凝滞的笔墨下，水似乎不流，云似乎不动，风也不兴，路上绝了行人，水中没了渔舟，兀然的小亭静对沉默的远山，停滞的秋水、环绕幽眇的古木，静绝尘氛，甚至时间都停滞在那里了。表现的是中国文人追求永恒的哲学思想。我这盆作品，就是用盆景的形式，营造这样一个安静、优雅、清逸、永恒、祥和的盆景世界，呈现那种旷远荒寒、高逸出俗的艺术境界，是继《泊舟远眺》《寒林阔野》之后云林风格的新作品！

您斋号“逸景斋”，在此用《云林逸景》四字命名新作是否有更深的寓意？

倪瓒《秋亭嘉树图》

倪瓒《六君子图》

倪瓒是元代书画家、诗人，“元四家”之一。字元镇，号云林子、幻霞子、荆蛮民、经锄隐者等。无锡梅里抵陀村人（今江苏无锡东亭乡）。家豪富，筑“云林堂”“清閟阁”。擅山水，且善画竹，兼善书法，工诗文。所作山水画用笔轻松，枯笔多，润笔少，能以淡墨简笔笼罩画面，却厚重清温，无纤细浮薄之感。其画风对后人影响很大，我仰其画风，对之做了深入的探究；在山水盆景创作中，借鉴其绘画诸多表现手法；“逸”是评价中国山水画的术语，古人论画分三品，曰神、曰妙、曰能。三品中以神品为上，把“气韵生动出于天成，人莫窥其妙者”谓之神品。而三品之外又列“逸品”置神品之上。何为逸品；清画家恽南田认为“逸品其意难言之矣，殆如卢遨之游太清，列子之御冷风也”又说，“其命意大谛，如应曜隐淮上，与四皓同征而不出所谓没踪迹处，潜身于此，想其高逸，庶几得之”。可见逸品除了“气韵生动出之天成”的技法标准外，还须透露出画家淡泊名利、与世无争的高尚品格及渊博深厚的学养，是对画作的最高评价；此作命名为《云林逸景》，一则倪瓒以其号“云林”行世，此盆景追求的是其画风，以注明此作风格之所宗，故取云林二字，再则云林绘画意境极高妙，700年来，竟然无人能仿。我做此盆景，即以创作逸景之境为目标，自我勉励。从盆、树、石等选材，到谋篇布局、章法设计，都付出诸多努力，期望它能够达到逸景的高度，故以名之。

张先生，欣赏您的盆景作品，深切感受到那种清远开阔、简淡恬雅艺术风格，在艺术创作中，您是如何把握的?

盆景创作有因材发挥，即根据现有素材构思创作；有立意为先，与诗画创作中所谓意在笔先相类，即围绕主题选取素材，进行创作，素材为意境服务；这件作品的创作属于后者，即立意为先，首先确立了要表达的意境，围绕意境进行创作。

在盆景创作中追求云林绘画意境，领会其笔法简淡、意趣深远的寂寞境界为第一要务。对阔远法构图、画面萧疏、秀逸的把握，以及折带皴法表现远山近石所独有的笔墨意趣的领悟，是关键所在；用盆景语言予以表现，则是技术层面需要克服的难题；为使布石体现折带皴法之意趣，通览盆景界常用诸多石种均不如意，机缘巧合，最终选定黑云母石，此石颜色如墨，质地纯净，与汉白玉云盆的白色搭配，如宣纸之与笔墨，画面感好，且该石种颜色有深浅变化，如墨色之浓淡干湿，以体现山石之远近，阴阳向背，近景如泊岸，用深黑色，远景则用灰黑色，渐远渐淡，色彩表现细腻；其断面形状变化多端，既有柔性线条，以描摹远山，写意舒缓起伏的轮廓，也有硬线条表达近石的分明棱角，颇有折带皴法之意趣。作品能达到当前效果，当感谢黑云母石丰富的表现力。做为主景的两组丛林，是两棵具有40年树龄的三角枫，其非寻常之苍老古朴姿态，而且树干光滑干净，挺拔劲健，昂首挺胸，洋溢着一种荡荡乎君子之气，具力士扛鼎之气势，十分契合所要创造盆景之意境，实为难得之素材。此石此树，是创作此盆景的良好物质基础，筹备到手，殊费周折。

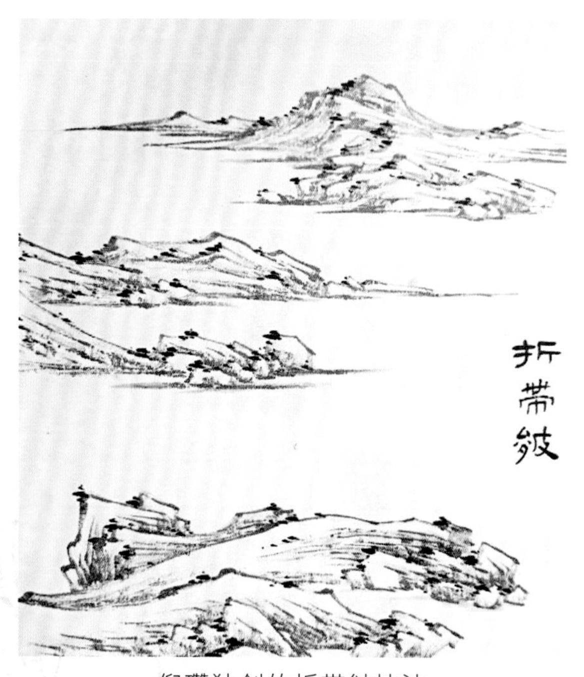

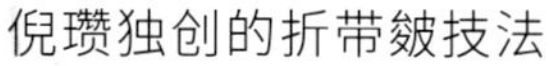
倪瓒独创的折带皴技法

《云林逸景》布石效果

通过领会倪瓒《六君子图》等画作的精神内涵，综合多年来对云林风格的理解和把握，弃其形而摹其神，功到垂成，得以呈现空阔、寂寞的云林逸境。

“寂寞的云林逸境”的“寂寞”二字应该怎样理解，是平素理解的孤单、冷清吗？

在汉语中，寂寞和寂寥常可通用，寂是无声的意思，寥是无形的意思。寂寥，就是无声无形的空灵世界，强调的是宁静幽深的气氛。就像“千山鸟飞绝，万径人踪灭，孤舟蓑笠翁，独钓寒江雪”那首小诗所营造的意境，无边的远山没有动静，连鸟似乎也飞“绝”了，没有人烟，路上“灭”了人踪迹。诗人用“绝”“灭”这样重的字眼，强化寂而无生的气氛。舟是“孤”的，江是“寒”的，没有春色，雪笼罩静默的大地，又笼罩着无边的江面，盎然的生机在这里被荡尽，剩下的只有冰面下的一脉寒流。一如云林的寂寥之境，体现出中国画典型的“静气”。

在中国哲学与艺术观念中，有三种不同的“静”，一是指环境的安静，它与喧嚣相对。二是指心灵的安静，不为纷纷扰扰的事情所左右。三是指永恒的宇宙精神，它是不动的，没有生灭变化感，不为外在因素所扰乱，有一种绝对的平和。这种静，是一种至深的宇宙境界。

这第三层次的静，是一种永恒的寂静，也就是我们今天所说的宇宙感。中国画追求静气，在很大程度上，就是追求这样的宇宙感。所谓宇宙感，不是宇宙创造的法则道理，而是超越时空的活泼的生命精神，这种生命精神与人的直接生活体验有密切关系。前两种静很好理解，第三种静却不易把握。我们可由韦应物一首绝句来体会其精神。韦氏《咏声》诗说："万物自生听，太空恒寂寥。还从静中起，却向静中消。"诗中所言寂寥境界，是宇宙永恒的境界，它不增不减，不生不灭；它只在静中存在。在这至静至深的寂寥中，万物自生听，一切都活泼泼地呈现。这大致反映了中国艺术追求静气的基本内涵。倪瓒的寂寞世界，所表现的就是宇宙般的寂静，虽然外在环境的安静、心情的平静，也在他的画中有所体现，但它通过这表面的静，是要归复宇宙般的永恒平和。

张先生，请问什么是意境，何为诗画美？

对于中国画来讲，欣赏花鸟画以求其趣，欣赏人物画，求其传神，山水画之高下则在其意境。国画大师潘天寿说："艺术之高下，终在境界，境界层上，一步一重天。"山水盆景，最重要的也是"意境"，意境是山水盆景的灵魂。什么是意境，意境是作者运用艺术手段营造的，一种经过作者的独特视角高度概括、集中、提炼了的特定场景，激发观赏者的想象力，并产生共鸣的一种氛围，是景与情的结合；景蕴含着情，情寄托于景，触景生情。是物我交融后的艺术升华的一种境界。在古诗里，如李白《送孟浩然之广陵》的诗句：

画面大面积留白，近岸、远山、简树、阔水的简约构图，呈现出"简逸萧疏"的风格

故人西辞黄鹤楼，烟花三月下扬州。

孤帆远影碧空尽，唯见长江天际流。

这里包含着朋友惜别的惆怅，使人联想到依依送别的情景，触动读者心底的类似情绪，产生共鸣：帆已远，消失了，送别的人还遥望着江水，不忍离去……这四句诗没有一句写作者的感情如何，尤其是后两句，仅描绘一人临江而立，不多着墨，全运用白描手法，然而就在这两句里，使人深深体会到诗人依依惜别的浓浓情义，这就是这首诗的意境，是情与景碰撞而来的。所以，文学艺术、书法绘画、戏曲音乐盆景园艺等诸多艺术门类，都是在运用各自的艺术手段，创造意境，最终要以动人心，形成共鸣，引起遐想为成功！

张先生，在您山水盆景作品中多有大面积的留白，在云林风格系列作品中尤为突出，盆景留白是一个什么理念呢？

在国画创作中，构图常留有大量的留白，画中的留白与一张素纸的空白有着本质的区别。它是画面的组成部分，不是空洞无物，而是中国画形式语言的重要构成要素。根据不同的描绘对象，这些留白的精心布陈将给人以丰富联想。

留白在盆景创作中与树石的作用同等重要，是盆景的组成部分，需要巧妙搭配，精心安排，画面中的留白，白而不空，形成气场，诱发朦胧意象，使欣赏者的审美意识得到更好的发挥和满足，与作者的心灵实现跨越时空的衔接。融入作者营造的境界中，产生共鸣，实现欣赏的愉悦，涤荡身心，净化心灵！倪瓒山水，画面空疏，向有“疏体”之称。他与同时代的王蒙“密体”山水形成强烈的对照。在画面上所留的空白，有的占画面的三分之一，有的占二分之一，有的甚至占三分之二，换言之，画面只有三分之一处有笔墨，其疏秀空灵特点非常明显。

倪瓒的画留白，如抚琴者得弦外之音，吟诗者得言外之境，因为艺术的审美境界是无限广阔的。看画，固然要看有笔墨处，也需要看它的留白处。清初笪重光在《画鉴》中说：“虚实相生，无画处皆成妙境。”画中的留白，能使读者“对云山野水，起无限之思”的艺术效果。一言以蔽之，画面的空灵疏秀是一种艺术美，正因为它是美，中国传统的文人画家，都在不同的程度追求着这种艺术美。

中国文人画的萧疏，并非单纯的形式感问题，还包含着与佛、道思想的映照关系；倪瓒道家追求的那种所谓“不着一字，尽得风流”的完美形式，是中国哲学思想在画作中的体现，在倪瓒艺术的空疏中得到了反映。“画里空疏处，个中尽是诗”。

在创作云林风格系列作品中，我使用阔远法，借鉴倪瓒的留白艺术作为表现手段，营造意境，取得了预期效果。

您的盆景作品图片都有题诗，用印，这样做的意义是什么？

一件完成的盆景作品，承载着作者的艺术理念，我们把它拍照留存或交流，是摄影艺术和盆景艺术的一个结合，是盆景展示的一种形式，是盆景创作的一个阶段，是盆景艺术的再创造。看图片既然成为欣赏盆景的一种形式，我们就应该重视这条与读者沟通的途径，重视盆景作品摄影的艺术表现力，所以说，在盆景创作时，要强调画质感，要入画；拍摄的图片要讲究艺术情趣；把图片制作好，是对盆景自身和欣赏者的尊重。在处理画面时，借鉴书画作品的布局，是一条捷径。一幅中国画完成后，在空白处，往往由画家本人或他人题上一首诗，抑或是题写几十个字甚至百字以上的小品文，或谈论艺术见地，或咏叹画面的意境。“高情逸思，画之不足，题以发之。”——清人方薰《山静居画论》中这样概括。

题画诗自元代开始，蔚为大观，而明清题画的小品文也风骚独具。其主要目的是“补画外之意”，提示画外之境，引导欣赏，更好地彰显画意；与画面形成一个有机的整体，诗情画意，文思连绵，意味悠长，丰富画面内容，拓展画作意境。

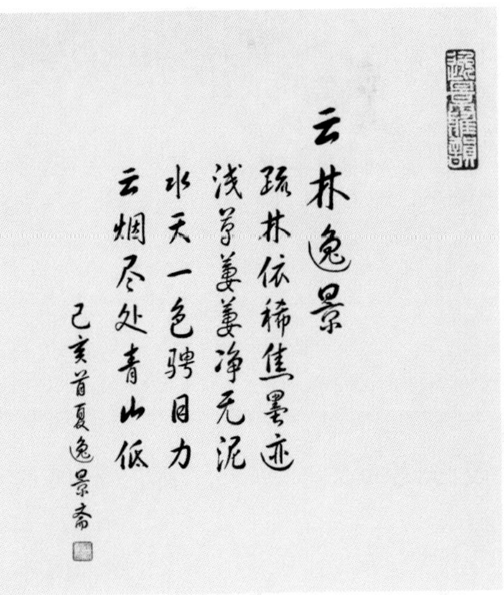

书画作品上的印章，是书画作品中不可缺少的组成部分，缺了印章就不成为完整的书画作品。宋、元以后，因注重了书画题跋和署款，诗、书、画、印相映成趣，不但使作品增色，活跃气氛，起到“锦上添花”的效果，而且能调整重心，补救布局上的不足，对作品起到稳定平衡的作用。盖上富有雅趣、寓意深刻的闲章，还可寄托创作者的抱负和情趣，使书、画、印有机地结合起来，产生更美更强的艺术感染力。彰显艺术的中华民族特色！

张先生，怎样认识借鉴书画理论，继承优秀传统文化，和盆景国际交流之间的关系？

我总结为三句话，就是“不忘本来，引进外来，创造未来”。习总书记讲：“中华民族伟大复兴需要以中华文化发展繁荣为条件。”盆景艺术之发展也是如此。盆景发源于中国，是儒、释、道三大哲学体系基础上建立起来的诸多文化现象之一，它与文学、园林、建筑、诗歌、音乐、戏曲、雕刻、绘画等艺术门类一样，渊源相同，根植中华沃土。盆景人要向传统学习，尤其向绘画体系学习借鉴，在向当代的盆景大师学习品德才艺、治学方法的同时，把我们本有固有的盆景文化融会贯通。中华民族是盆景艺术的创始国，这是中华盆景的根本，是盆景事业发展的基础和力量，赵庆泉先生反复强调“守住盆景的民族文化之根”，是所谓“不忘本来”。

事实上，作为中华文明从来没有断绝过对外来文明的吸纳，没有拒绝对外来文化的借鉴，但一定是借鉴，不是邯郸学步，是吸纳而非取代，是在中华民族文化为主导的前提下的洋为中用，是“拿来主义”。引进国外优秀的品种和素材，学习国外盆景制作好的技术、技法和好的表现手法，为更好地表现中华盆景的诗情画意、优美意境服务。王选民大师说：“人类的文化、艺术、科技，只有广泛交流才能进步发展，才能满足人们的各种需求。所以说，任何一个民族的文化艺术形成最终都属于全世界的！”我们强调走民族特色的盆景之路，是建立在文化自信基础上的兼收并蓄，是汲取营养，丰富自我，发展壮大，此所谓“引进外来”。

随着中华民族文化的繁荣发展，“一带一路”国际经济文化间的大交流，承载着五千年中华文化的中国盆景艺术，以其盆景创始国的独特地位和天然优势，在广大盆景人共同努力下，把中国这个盆景大国早日建设成为盆景强国。这就是我讲的“创造未来”。

张先生，在盆景创作中，您强调借鉴绘画理论成果，盆景自身的创作、欣赏理论体系发展是何状态呢？

盆景在千余年的传承发展中，技法上不断发展、创新，到今天已经是异彩纷呈；盆景素材运用日渐丰富，植物新品种的选育、驯化、引进和培育方面有了很大的发展，各种新技术也得到了广泛应用；盆景的普及由南到北，逐步展开；盆景交易，线上线下，国际国内，红红火火；可以说，当前是盆景发展的最好时期，作为盆景人，生于这个时代，是值得庆幸的。由于盆景的自身属性，其创作、欣赏、交流、传播、收藏，与其他艺术门类相比，受外在条件的制约也就更多，导致在历史的长河中，盆景一直是小众的艺术，理论建设滞后于盆景的发展。但是，诗歌绘画与之理论相通，理论发展成熟，古今著述十分丰富，比如都讲求韵律、节奏、意境，寻求共鸣等。盆景作为艺术之林的一朵奇葩，中华文化的有机组成部分，应该借鉴兄弟艺术门类的研究成果，结合自身特点，尽快建立起与之相适应的理论体系。理论体系的建立将是盆景发展成熟的标志，它指导盆景艺术更加健康、快速的发展，形成良性循环。

我们也高兴地看到，交通、通讯的便捷和物流业的发达，让我们有机会看到更多的盆景，手机摄影和数据传送功能的提高，使得图片制作、传播变得如此简单、迅速，拓宽了盆景交流渠道，使欣赏盆景变得容易；以往制约盆景交流、欣赏的障碍正被克服；我们也看到，一些高水平的赏析文章出现在网络上、刊物中。一些高学历的年轻人加入到盆景艺术事业中来。同时，社会经济、文化水平的整体提高，为盆景创作和欣赏添了文气，增了墨香，注入了力量，凡此种种，为盆景理论体系的建立奠定了良好基础。我想，作为盆景艺术形而上的理论发展建设，已经在贤能之士的酝酿之中吧！

的确“无，名天地之始，有，名万物之母”，事实必定像张先生预言那样，孕育中的盆景理论体系，不会迟到太久！

本文章发表于中国风景园林学会花卉盆景赏石分会官网

《品读〈云林逸景〉——赏景论画说云林》的部分读者评论：

摘自于中国风景园林学会花卉盆景赏石分会官网

刘振强：

赏张延信先生的山水盆景《云林逸景》，似入元四家倪瓒（云林）画境，真乃平湖一望上连天，林景千寻下洞泉矣！云林之画以萧疏见长，近景多为平坡，上有丛树，间有茅屋或幽亭，中间为平静之水，远景则是坡岸或起伏山峦，笔墨无多，章法极简，意境幽深。此盆景制作构思巧妙，恰到好处，颇有云林画作遗风。彰显了作者融中国传统文化为一体，借鉴中国书画艺术的理念，在盆景艺术方面不断探索进取的创新精神，真乃逸品，神品！

山中闲人：

讲主题、讲意境才是中国盆景称为艺术的根本。

李学进：

寂寞的《云林逸景》！有韵味！

《云林逸景》创作随笔

张延信

在系统学习中国绘画的山水画部分时，简逸萧疏一脉触动了我的创作灵感，尤其是元四家之一倪瓒的作品，画风清绝无尘，平远开阔，作品表现出来的天人合一，清静寂寞的高妙意境让我折服！从一见倾情的欢欣，到挥之不去而沉迷。“我要把这种感受用盆景的形式表达出来”，创作的冲动催促着我！

作品是作者主观思想的外现。倪瓒家境豪富，交游于文化名流之间，与道士、道观渊源颇深，并有严重的洁癖，这就注定了他思想上的文士风骨和道家风度，体现在作品中，就是简、疏、淡、净的直观感受，和追求天性放逐，天人合一，大道至简，追求真、追求永恒的道家思想理念。了解了作者生活环境和思想意识形态才能真正走进作者内心，才能够真正读懂作品。所以，倪瓒作品形式的简疏阔朗，意境的清静寂寞，所作寒林远山、无人凉亭、瘦石阔水，不是对生活的无奈，不是逃避世俗的遁世，而是道法自然，对人世、对宇宙、对时空辩证的思考和表述，是对永生、对极限的认知，是作者主动思考探究的一种方式，同时也是一种表达方式！这样才能正确地理解倪瓒，解读他的作品。哲学的思辨是其作品的真正价值所在，停留在其用笔、用墨、构图的研究则是舍本逐末，偏离了他的真正价值！所以清康熙年间以史才著称的倪灿说过一句话：“每叹世人辄学云林，不知引镜自窥，何以为貌！”可见世人对倪瓒及其作品的理解多有偏颇，只有读懂和把握倪瓒绘画的哲学内涵，才能走近倪瓒。

反复研读之下，我确定了创作思路，就是要用阔远法，体现出道家对宇宙，对人生的思考，对永生的追求和辨证。围绕立意确定构图，围绕构图精心选材，就是我们常说的立意为先。

2018年，我初步尝试创作了《泊舟远眺》《寒林阔野》，其中《泊舟远眺》分别于2018年在山东淄博第十五届齐文化节暨山东盆景协会联盟精品（临淄）邀请展、第五届中国精品盆景（沭阳）邀请展获得银奖；《寒林阔野》在2019年山东临沂2019全国中青年盆景创意展暨近现代书画作品展取得银奖，并得到了与会专家和大师的点评和指导，为创作《云林逸景》积累了经验，奠定了基础！

赵庆泉大师对作品点评和指导

《云林逸景》在树木的选择上，我选择了两组一本四干的三角枫，一组树高90cm，一组树高70cm，通体光滑干净，高低错落有致，枝条穿插、争让变化丰富，视觉上高大挺拔，疏朗劲健，与倪瓒绘画的笔墨干净、简洁相合，树龄40多年，沉稳而富有生机，切合立意，是非常难得之材！

选择石材也颇费周折，常规用石从形状上不能够表现折带皴法的棱角感受，颜色上难以体现笔墨意趣，几经周折，机缘巧合，最终发现了黑云母石，其断面形态，色泽变化，都满足了立意要求。

用黑云母石表现折带皴法

在云盆的选择上，用四川省产的长130cm、宽70cm椭圆形无边缘汉白玉云盆，这种云盆用石洁白细腻，有和田玉的油脂感，因原盆面光洁度太高，又用3000目的砂纸研磨，使它呈现出哑光状态，目的是使盆面质地与所用造景的云母石有一种墨与宣纸的对比效果。

椭圆形无边缘汉白玉云盆

树、石、盆聚齐，相关辅助植物、工具准备好，在2019年初夏我用一天的时间，把心目中的《云林逸景》创作出来，乘兴赋诗拍照，一气呵成。请教老师后，遵照老师意见我又做了部分调整，最后完成定稿。

这件作品我命名为《云林逸景》，是因为我在研习简逸萧疏一脉的山水画作时产生的创作灵感，而倪瓒是这类风格的画家中成就最高的，其画作人称700年来没有人能仿得出，可见对其之推崇。我是“不揣鄙陋”，以倪瓒的“云林”二字缀以“逸景”做标题，用来表明创作思路和追求。

在2019年9月的“遵义国际盆景赏石大会”上《云林逸景》取得金奖，得到了盆景界前辈和评委们的认可。展会期间，一些国际盆景友人在《云林逸景》展台前留影，我在现场的时候还拉着我一起在盆景前合影留念，我不懂他们的语言，但从他们的神态中看得出他们欣赏盆景时的喜悦心情。艺术是相通的，此言不虚！

与国际盆景友人合影留念

自《泊舟远眺》到《寒林阔野》再到《云林逸景》，我运用简逸萧疏这种表现形式体现道家的思想的尝试，在一定范围内得到认可，中华文化博大精深，经过努力探讨，对盆景创作的启迪肯定会更多，我坚信这一点！

本文章发表于《花木盆景》杂志2020年第1期B版

寒林阔野

寒林疏树澹远姿
烟波阔野了无痕
此时若遇云林子
来此茅亭共读书

乙亥谢交书

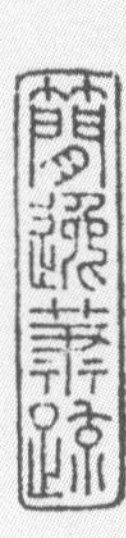

2019年全国中青年创意盆景展　**银奖**

作品名称：寒林阔野

规格：长100cm，宽50cm，高65cm

树种：三角枫、石榴

石种：黑云母石

师法云林开逸景　布白分朱气象新

——品读张延信先生《寒林阔野》山水盆景

王森

品读张延信先生新作《寒林阔野》山水盆景，被带入一个清新、宁静、开阔的山水世界。

作品右边以一本五干直干三角枫为主体，树体枯叶凋零，风骨朗朗，后下方配小石榴树以增加景深，呈现出清瘦高洁的寒林景象。

《寒林阔野》局部

《寒林阔野》局部

左后方客体为一组远景丛林，用树体纤细、低矮的石榴树来表现，与对岸丛林古树遥遥相望。

两岸丛林古树形成粗细、高矮、大小、远近的强烈对比，创造出视觉的距离感，彼此呼应，形断而意连，与中间超出常规的大面积留白构成大的气场，给人以空旷浩渺的心灵感受。透过两岸丛林放眼望去，遥遥群山，若隐若现，错落有致，倪瓒的折带皴法被作者传神地用盆景语言表达出来了。

折带皴，如同一条转折的腰带。这是倪瓒创造的一种用于表现方平石块的皴法。

整个画面，超出常规的大胆留白，给人以强烈的视觉冲击力。开阔的意境使人的心胸打开，顿觉释然。淡然环望，丛林遥对，远山如画，干净利落，沉着老辣，恬静，优雅，心生欢喜！

在盆景创作中，吸收、借鉴诗书画印的创作理论和创作技巧，丰富盆景表现手法，开拓创作思路，有利于促进盆景向艺术层面健康发展，就像赵庆泉先生所说，“我的多部盆景创作，如早年的《八骏图》《小桥流水人家》，后来的《饮马图》《烟波图》《垂钓图》《古木清池》等，直到现今的一批文人树作品，都受到《芥子园画谱》深刻影响。”

张延信先生喜爱传统文化，对文学、书画，篆刻，喜爱有加，对山水画的研究尤其深入，深厚的文化底蕴在盆景创作中得以流露，每有新作，拍照、赋诗、用印，一丝不苟，表现出浓浓的文化气息。盆景与文学创作等诸多艺术门类之间，与绘画的联系最密切，也是最直接的，但又是完全不同的两个艺术门类，各有自己艺术语言，比如画家的创作工具是笔、墨、纸，与盆景艺术用树、石、土完全不同，所以绘画表现的意境如果用盆景的形式表达出来，是一个借鉴和创作的问题，是笔、墨、纸、砚、浓、淡、干、湿的表达，转换成石、土、树、苔、锯、剪等。

张延信先生这件《寒林阔野》就是借鉴了绘画中远小近大，计白当黑以及折带皴法

倪瓒《疏林图》

倪瓒《容膝斋图》局部

等技巧和篆刻中分朱布白等理论。深刻领会倪瓒绘画艺术的精髓，在盆景艺术中，大胆借鉴了山水画六景法的（高远、深远、阔远、迷远、平远、幽远）的阔远法，这也是倪瓒绘画中常用技法。化繁为简，运用“近、中、远”三段式来表现萧疏阔远的意境，用清瘦高洁的寒林创造出枯寂清高的意象，为画面定下基调，中间留白超过云盆面积的二分之一，形成空旷的气场，这是阔远山水造景法主要特点，整个画面极致得宁静、平和、空旷，恰到好处地表达了空灵，阔达之意，与远山近石、无人凉亭形成一种言有尽而意无穷境界，与倪瓒绘画表现的寂寞脱俗、超越尘世的绘画意境相契合，有异曲同工之妙。作者用石，如画家用笔，轻细而富有变化，用盆景语言再现了倪瓒绘画中折带皴法的面貌，为作品的艺术表现提供了有力支撑。

将阔远法运用到盆景创作中来，有意识地集中再现开阔宁静的画面，使之成为盆景艺术中具有特点鲜明、造景优雅、意境深远的一套新方法，这是张延信先生的创造和贡献，是他努力继承传统文化，借鉴兄弟艺术门类，为丰富盆景创作结出的硕果，他巧妙地用盆景的语言阐述了阔远法所表达的那种独特的艺术境界，为我们展开了一副崭新画卷！

从《泊舟远眺》《春江待舟》，再到《寒林阔野》，一路走来，是张延信先生运用阔远法，再现云林遗风的艺术风格逐步走向成熟的轨迹。他追求的那种悠闲宁静，坦荡开阔的格调已经在作品中展现出来，形成山水盆景中，特立于高远法、深远法等艺术形式之后，崭新的一种表现形式，正为蓬勃发展的盆景艺术，注入一股具有浓浓传统文化气息的清流，吹起一缕淡淡墨香和喜悦的春风！

韩学年先生召集的“弄文玩素”，对素仁格的传承赏玩；徐昊先生组织的“魏晋流韵”对文人树和文人盆景的研究探讨等盆景界的雅集；张延信先生运用绘画理论，结合对倪瓒的研究，在盆景艺术中对折带皴法的探索和阔远法的推出，这些无不预示着中国盆景繁荣发展的新时代已经到来，一个传承与创新、更多、更好、融合诸多文化元素的新时代已经到来！

让我们拭目以待！

本文章发表于中国风景园林学会花卉盆景赏石分会官网

泊舟远眺

近岸泊舟登高岗
背倚青松望平洋
举首戴目海天外
蓬岛仙山鹤来翔

戊戌秋月逸景斋

第六届中国·沭阳花木节、第五届中国精品盆景（沭阳）邀请展 **银奖**

作品名称：泊舟远眺

规格：长120cm，宽60cm，高80cm

树种：那须五针松

石种：济南纹石

《泊舟远眺》盆景创作札记

张延信

当下，受传统文化影响，山水盆景越发得到广大盆景爱好者的欢迎。欣赏大自然时，有种“千里之山岂能尽奇，万里之水不能尽秀”之感，为了一眼将山水之美尽收眼底，盆景艺人们结合中国传统山水画的理论，取当地山水精华，巧夺天工，制作了许多优秀的山水盆景，为我国盆景事业的发展起到很好的推动作用。

元 · 赵孟頫的《双松平远图》

中国山水盆景文化渊远流长，如李云龙先生富有代表性的山水作品《蓬莱仙境》采用传统山水画写意，自下而上层层递进的高远法表现形式。其《山居图》则将树石相拥而立，树依山势显高拔，山因树托呈耸峙，写实夸张却相得益彰，树高于山峰又不失真，突破传统山水画中丈山尺树、寸马豆人理论的束缚，既符合大自然的情理，又使观者犹如置身自然的怀抱，运用高远法让作品耳目一新。

《双松平远图》局部

规格尺寸：120cm×60cm×80cm　树种：那须五针松　石种：济南纹石

张宪文先生的代表性作品有《沂蒙颂》《泰岱烟霞》等，从作品中可以看出他对中国的书画有很深研究，将深远法层层递进、藏露关系表现得淋漓尽致。黄大金先生的代表性的作品《山居闲云》采用了平远法，手法娴熟，运用九龙壁石将山势连绵平远起伏表现得形神毕现，形成了自己独特的风格。

我从事盆景制作30多年，前期虽然创作了《鹊华烟雨》《秋山论道》等作品得到评委的充分肯定，但终未形成个人风格。赵庆泉先生曾一再呼吁盆景制作要“守住盆景的民族文化之根”，“走自己的路，以民族特色取胜。”近几年我也一直思考如何在创新过程中形成自己的风格并体现民族文化。我体会到任何艺术的创新定是在借鉴传统、继承发扬传统的前提下，否则是无源之水、无根之木。俗话说盆景的功夫在盆外，山水盆景制作与中国书画有着必然的联系，要做到以景抒情，借物写心，去粗存精，必须从中国书画知识宝库中寻找答案。于是近几年我除了经常参观书画展览和游览大自然外，着重收集自宋、元、明、清到近代山水画大家的名作并仔细阅读了中国画论，从中找出发展变化的规律和特点。元代山水画是中国古代山水画发展的较高阶段。之所以高，一方面是画家吸收传统技法，研究各家演变，不断师法造化；另一方面在于画家的创作，都是从自然界直接感受中获得了有用的题材。元代大画家赵孟頫（1292年）曾出任济南路总管府事，其代表作《鹊华秋色图》《平远双松图》将宋代画家经常运用的自下而上层层递进的高远法绘画形式突然转向表现寂寞平远和阔远的绘画形式。由于赵孟頫的影响，其外孙王蒙乃至元末黄公望、倪瓒等都在不同程度上继承发扬了赵孟頫的美学观点，在中国绘画史上写下了绮丽奇特的篇章。后期出现的黄公望则创新了披麻皴，创作了举世闻名的《富春山居图》。倪瓒则创新了折带皴，创作了平远法和阔远法结合的《六君子图》等名作，将元代的画风转变成一种寂寞的文人意境取向。

随着生活的发展，当代盆景制作大家也都在极力追求这种意境形式。如赵庆泉先生的《烟波图》《八骏图》等，《八骏图》虽由八匹马和六月雪龟纹石组成，但这八匹马或卧或立或饮，均为静态，悠然自得，营造了一种祥和安静的气氛，感觉连水都是静止的。郑永泰先生的《宁静的港湾》也是表现一种安静的场景，为什么不表现繁忙的港湾？李云龙先生的《山水人家》追求的则是大山深处宁静的山水人家生活，李云龙先生不但作品追求这种意境，将家也从繁华的闹市搬到济南南部山区，造园隐居，并取名为“山水人家”。这些无不体现出盆景爱好者内心对大自然的向往和敬畏，诠释了作者的人生观、价值观。

自古以来中国文人所走的道路注定是寂寞之途，不管在朝在野。元代倪云林营造的是一个寂寞的艺术世界。有人评论说倪云林的寂寞之境已经到了“水不流、花不开”的境界，让人感觉到宇宙的本源，他所表达的是超越尘世、超越世俗的理想境界。受这些方面的影响，我以阔远法为创作思路，尝试制作了《泊舟远眺》作品，祈专家好友指正。

中国的山水画与山水盆景中，比较常用的形式是高远法、平远法、深远法，而幽远法、迷远法、阔远法较少见。阔远法是指“有远山近岸，水波亘望而遥，一作近岸广水旷阔遥山者，谓之阔远。”这种表现形式更便于用盆景的艺术形式表现，石和树等主体材料为近景，中间以较大面积为开阔的水面形成大的气场，给人一种烟波浩渺的感觉，对岸连绵不断的远山为客体，营造一种寂寞的意境。

山东省委党校原办公室主任刘振强先生欣赏《泊舟远眺》盆景后创作山水画一幅

我认为盆景作品的最高境界是对意境的追求，意境是主观与客观相结合的一种情景，意一般是指情与理，境是指形与神，两者有机结合，形成自然美、生活美、艺术美的三种美，最后的意境形成精神境界。盆景艺术创作水平关键要看意境高不高，格调雅不雅，是否有诗情画意，要通过盆景创作的艺术表现形式，将民族的诗书画印传统优秀多元文化运用到盆景创作的画面中，形成中国盆景独具的特色。

今年偶得双干那须五针松，该松树根部交叉，基本不符合常规盆景用材基础审美要求，因此无人问津。我第一眼看到后如获至宝，这不正是中国山水画和大自然中古松树的奇形之美吗？两个树干一前一后，一高一低，树头均向左走向，两树结构自然变化统一，正是大自然的天生造物，也是自己准备创作阔远法盆景所需要的材料。随后来了创作灵感，一气呵成，仅用一天时间将家中现有的石头切割加工，用1.2m×0.6m米白大理石盆将主树放于整个盆面的右前角近1/4处。为了更好表现阔远法，中间留有更加开阔的水面，打破过去常采用的黄金分割的比例，采用济南当地的纹石。石纹干净清晰，右边主体石头和土面由低向高延伸，左边放一悬崖大石，体现岸边悬崖之意，有藏有露，有近转至远方之感。石头高低错落有致，石缝中栽上了胡须草体现自然气

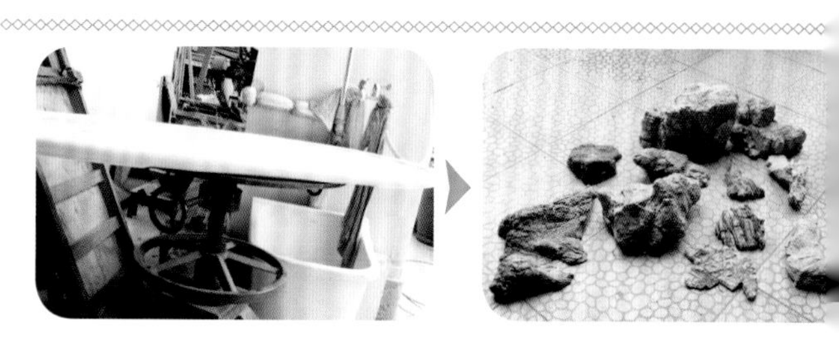

息，给观者可居可游之感。近岸停放一客船，老者下船登高远眺，思绪万千。中间留出大水面，形成阔远的气场。对岸连绵不断的平远山峦为客体。两棵松树的树冠部分根据需要做了调整。

为了增加盆景的深度在松树后方添加了丛竹和倪瓒画中常用的无人茅亭，营造一种空寂无人的意境。

《泊舟远眺》制作过程

为了更好地体现与中国画结合的表现手法，作品完成后用专业照相机拍摄并制版，配上题名诗句和印章。诗句和印章对整个画面起到平衡的作用。诗句抒发情感，阐发画意，印章在整个画面中起到万绿丛中一点红的效果，既增加画面美感同时体现了中国多元传统文化于一体的民族风格。

本文发表于《中国花卉盆景》杂志2018年第10期

春江待舟

春江水阔连海平
江天一色无纤尘
谁家杯渡江岸停
绿柳渡口待客行

戊戌仲秋

作品名称：春江待舟

规格：长90cm，宽50cm，高70cm

树种：柳柏

石种：龟纹石

《春江待舟》创作札记

张延信

生活在“家家泉水，户户垂杨”的济南，对柳树有着特殊的感情。曾用金雀创作一盆柳树造型的《鹊华烟雨》，在第八届全国盆景展上获得银奖，一度引起盆友的关注，后又在花木盆景杂志上多次刊登报道。所以本人对柳树造型盆景情有独钟。

十年前偶尔在“盆景艺术在线”网站上发现湖北一盆友发的一枝条下垂的柏树，引起我的关注，立即与他电话联系了解情况，在2014年该盆友友情转让第一棵试养。见到实物后，更坚信该树种是一个难得柳树造型的好品种。

盆友介绍，目前国家对该品种没有命名，自2001年发现后至今有近20年了，他自称“垂柏”。

我经过5年的养护试验，得知该品种能够在侧柏上嫁接成活，盆友在“垂柏”上嫁接真柏也成活很旺盛，“垂柏”嫁接真柏后生长情况（图1）。

图1 “垂柏”嫁接真柏后生长情况

图2 “垂柏”叶子纤细柔软，自然下垂枝叶状态

另有人在龙柏上也嫁接成功。由此证明，它是属于柏科的植物。最大特点是枝条纤细且叶子集中在末梢，自然垂直向下生长，无须人为向下纤拉干预（图2）。

它纤细的枝条像柳树一样，在自然界中，生长在悬崖峭壁上，枝条下垂达几米长（图3），根部和树干生长特性与其他柏树基本一致。基于以上特点，枝条像柳树的韵味，属于柏树类植物，我自命名为“柳柏”。

与它类似的璎珞柏对比：

1.璎珞柏枝条自然生长向上，制作柳树盆景需要人为向下造型。而“柳柏”叶芽发出后就自然向下生长，这也是有别于其他植物自然向上生长的特点，无须向下造型处理，只需对较粗的枝条向上扬起分布一下，即可达到柳树的神韵。

2.叶子两者相差一倍长，璎珞柏叶子长约10mm，而“柳柏”叶子长度不超过5mm，不到璎珞柏的一半长（图4、图5）。

3.璎珞柏造型时会扎手，而“柳柏”不但枝条纤细，而且叶子细密柔软，不会扎手。在我的引荐下，济南一盆友将湖北盆友现存的十棵全部收入，运抵济南，作为一个优良品种进行培养。

2018年8月16日，我将盆养的直径4cm，高70cm的“柳柏”进行造型，对其生长较粗的枝条进行了上扬蟠扎处理（图6、图7）。

图3　生长在悬崖上，枝条下垂可达2m长

图4　璎珞柏枝条和叶子状态，叶长10mm

图5　“柳柏”枝条和叶子状态，叶长5mm

2018年10月1日用长90cm、宽50cm的白大理石浅盆，采用阔远法构图设计。把经过造型后的“柳柏”布置盆面右前方，营造一种阳春三月，一场蒙蒙细雨后，柳树绽出嫩嫩的绿芽，就像唐朝诗人贺知章的诗句吟诵的那样，“碧玉妆成一树高，万条垂下绿丝绦。不知细叶谁裁出，二月春风似剪刀。”

将盆右边做近岸，并配用纹理较清晰的龟纹石做水岸。

后方配有一经过八年培养的小石榴树做远景，山坡布置倪瓒（云林）绘画中常见的无人凉亭，岸边码头停靠一客船（图8）。

图6　盆养造型前状态

图7　对较粗枝条蟠扎后效果

图8　布石试放船和茅亭

船尾舱外两人对坐交谈，船头一老者执杖远眺，等待好友一同登船出行（图9、图10）。

图9　完成后至2019年4月的效果

图10　完成后至2020年8月的效果

左方烟波浩渺的开阔水面作为大面积留白，以其特有的“空灵”之态给人一种宁静、宽阔、优雅的感受，远方几座小山时隐时现，就像该作品的诗句“春江水阔连海平，江天一色无纤尘，谁家杯渡江岸停，绿柳渡口待客行”。

本文发表于2019年4月24日《盆景世界》公众号

秋山论道

西风瑟瑟清溪绕
丹树红枫尽妖娆
赏泉论道有高士
秋新论经皆人豪

乙未年逸景斋

获第九届中国盆景展览暨首届国际盆景协会(BCI)中国地区盆景展览　**银奖**

作品名称：秋山论道

规格：盆长130cm，宽70cm，树高85cm

树种：红枫（‘出猩猩’）、金边冬青

类型：水旱盆景

《秋山论道》创作札记

张延信

中国盆景，历史悠久内涵深厚，是一门专业性很强的传统文化艺术，与其他姊妹艺术相互借鉴相互影响，被称作“鲜活之诗，立体之画”，与诗画艺术一样，同样追求意境之美，自古至今传承有续，创作理念至臻至善。那么怎样创作诗画美、意境美的盆景作品呢，多年来我也进行了不少尝试。2012年第八届中国盆展览上，本人以金雀为主材创作的《鹊华烟雨》水旱盆景，得到了广大盆友的认可和评委专家的一致好评并获得了银奖，最近创作的《秋山论道》水旱盆景，我亦有所得。

《秋山论道》主体桩材是日本红枫‘出猩猩’百年老树，初见到它时，树势与姿态都不符合我的要求，但我看重的是它在长期盆栽历程中培养出的丰满枝条和岁月沉积下自然流露的沧桑古朴。通过合理调整，搭配布局，是可以创作成为一盆诗画美、意境美的好作品的，于是我决定结合中国山水画的表现形式，创作一盆颇具秋韵的盆景。首先，改造主树，原树为一本六干，从根部而上向四周呈放射状生长，四平八稳，像一棵圣诞树，没有什么动姿和气势，通过观察揣摩和心理构图，我将原来的六干去除

题名：如醉（2013年）　规格：宽83cm，高82m
树种：红枫

参加第七届世界盆景友好联盟大会时，胡乐国大师对《如醉》进行点评

了一干改为了五干，打破了它原有的平衡，再将其他枝条进行牵拉绑扎，修剪取舍，使树干粗细相间，高低错落，横斜有秩，整体向右伸展姿态优美，题名《如醉》，并在2013年第七届世界盆景友好联盟大会_上获得铜奖，期间获得不少师友点评与建议。

兑宝峰先生编著的《树桩盆景造型与养护宝典》将《秋山论道》作为封面

自金坛返回济南后，结合盆友们的建议，我认为制作成水旱盆景更能表达作品的意境，于是动手改作，将主树放置在盆的左侧，猩红的叶片正应秋风霜叶，右侧配植两棵金边冬青小老树，金色的叶筋对应金秋硕风，冬青丛中树木掩映下的隐者茅庐若隐若现，茅庐前秋草茂盛，似秋风轻抚，通过水面布置营造泉溪绕树之景致，精选石材点缀人物体现秋山嵯峨、高士论道之意境；最后，细部调整作诗配句，一幅山水意境的秋意图俨然展现在眼前。

通过实践，我深知选用好的桩材是盆景创作之基础，桩材搭配和盆面布局是作者心境、意境的体现，所以说，中国盆景要走写心写意之路，借鉴自然景观之精华，吸纳诗画艺术之精华才能创作出诗画美、意境美的好作品来。

原文刊载于《花木盆景》杂志盆景赏石版2015年第9期

岁寒三友

松竹葱茏欲滴痕
红梅别致更提神
三友耐寒与天斗
逸景石上添雅韵

乙未年逸景斋

第三届中国·沭阳花木节
第四届中国精品盆景（沭阳）邀请展 **铜奖**

作品名称：岁寒三友

规格：长70cm，宽36cm，高60cm

树种：黑松、长寿梅、竹子

《岁寒三友》创作札记

张延信

以松、竹、梅为题材的《岁寒三友》的绘画在中国比较常见，说明自古以来中国的文人墨客对松、竹、梅的喜好情有独钟，但以松、竹、梅为题材的《岁寒三友》盆景就很少见，其主要原因就是要将三种植物栽种一起长期能正常共生就有难度了。我自2012年开始进行了尝试。

首先，以自己培养了12年的两本双干黑松为主体，该黑松高60cm，原是两本双干，由于自然的优胜劣汰生理现象，左边较小的一棵2011年出现枯死，因此将该树做成枯树，反而更显出空间美感和沧桑，右边松树经过十几年多次对主干和枝条的调整修剪，基本枝条丰满，树干直中有曲，向左前倾斜有一定动感，具有古树的感觉，枯荣相济形成对比，更具沧桑古朴韵味（图1、图3）。

二是将自己收藏多年的天然钟乳石片做盆，该石盆长70cm、宽36cm，比例不但理想，而且前后上下层次变化丰富，尤其与松树高度比例适中，更能体现自然野趣（图2）。

图1　2010年，对右主干黑松上部较直的部位进行了向左前方拿弯处理，不但使两干协调，而且向左前方形成一定动感

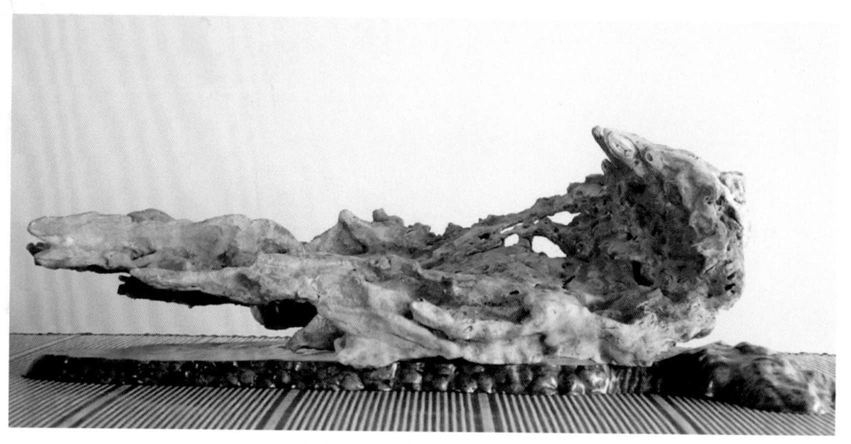

图2　天然钟乳石盆

三是梅花的选取在盆景界一直是个难题，梅花生长习性不便于与松树在一盆长期共生管理，本人选取3棵四五年生有一定形态的长寿梅作为梅花来表现，种植于石盆的左后方。长寿梅的生长习性与松树有相近之处，而且便于管理，尤其花期长，好控制花期是它的最大优点。经过3年的养护，3棵小树也进一步调整修剪到位，生长效果很好。

四是选取了叶性小、黄绿相间的小竹子种于只有2cm土面的右下方。经过2年多的养护三种植物生长旺盛正常，将三种不同习性植物种在一个很浅的石板上，经过精心养护能够和谐共生，亲密无间共同抵御酷暑冬寒（图4）。

松树作为组合的主体种于右方与长寿梅顺石板向左走向形成一动感，右下方竹子做一点缀起以平衡，树下三位益友谈天论道，情投意合，他们的友谊像松、竹、梅一样和谐相处，共度春秋。

图3 两干枯荣相济，沧桑古朴

图4 松、竹、梅和谐共生景象

正如画面诗中所吟“松竹葱茏欲滴痕，红梅别致更提神。三友耐寒与天斗，逸景石上添雅韵”充分表达出《岁寒三友》的意境。

盆景的创作使人更愉悦的是克服各种困难选取各种不同的树、石等材料，巧妙地结合在一起，并配以切题的题名和诗句，更能够表达出作者的诗情画意，达到盆含画意、景蕴诗情的效果，体现出中国传统盆景文化的特色。它也是中国盆景艺术文化有别于西方盆景文化的不同，这也是自己努力追求和诗情画意具有民族特色盆景艺术文化的精髓。通过自己亲自创作能够给盆景人带来无限的遐想和乐趣。

岁寒三友
松竹葱茏欲滴痕
红梅别致更提神
三友耐寒与天斗
逸景石上添雅韵
乙未年逸景斋

本文发表于《花木盆景》2016年第3期B版

鹊华烟雨

鹊华秋色画图传
好是涵烟欲雨天
每到鹊华桥上望
两山似断复相连

第八届中国盆景展　**银奖**

作品名称：鹊华烟雨

规格：长120cm，宽60cm，高76cm

树种：金雀

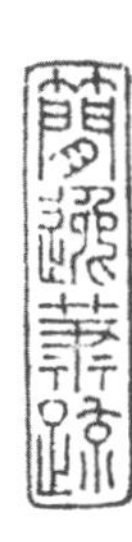

盆含画意　景蕴诗情

——张延信先生《鹊华烟雨》水旱盆景创作札记

郭城虓

“家家泉水，户户垂杨”“四面荷花三面柳，一城山色半城湖”……历代文人名士给济南留下了许多赞咏的诗句。出生于山东济南的张延信先生自幼受齐鲁文化的熏陶，对盆景艺术钟爱有加，每逢参加全国各地盆展时，那些有鲜明地方特色的盆景作品令他格外关注。他一直梦想着利用北方当地的桩材，创作出能体现济南人文气息和地域文化的盆景艺术作品来。

他精心创作的一盆题为《鹊华烟雨》的垂柳式水旱盆景，令观者临盆赏景，思绪万千。《鹊华烟雨》为古济南的历下八景中最为著名的景观：每逢阴雨天气，人们站在大明湖与百花洲之间的高大石拱桥上向北眺望，云雾缭绕间，可看到矗立在济北湿地平原上如两点青烟浮现的鹊山和华山，阴云连亘于湖光浩渺之际，水雾润蒸中若隐若现、雨露风云里似断又连，山前大树拂娑、湖边垂柳摇曳，仿若令人置身蓬莱仙境，这座石拱桥也被后人称作鹊华桥。现珍藏于台北故宫的元代大书画家赵孟頫的历史巨作《鹊华秋色图》，正是对此美景的真实写照（图1、图2）。

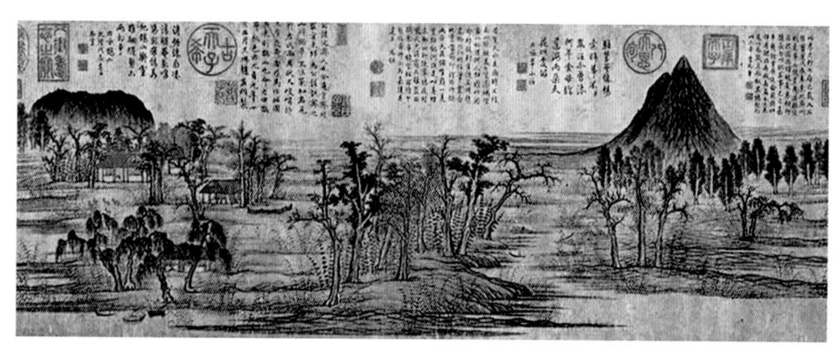

图1　元 · 赵孟頫《鹊华秋色图》全景

图2　《鹊华秋色图》局部柳树状态

张先生这盆水旱作品，正是根据历下八景之“鹊华烟雨”和济南市树垂柳的特征而创作的。作品成功地表现了张先生盆景艺术的创作心韵与深邃意境。桩材选用近百年的北方金雀，直径达10cm。金雀自古以来就被誉为盆景四大家之一，是创作盆景的好素材，其树根虬曲苍劲、树干铁骨铮铮、枝条柔长、叶片细小，多被选作悬崖、丛林、提根、附石等不同形式的盆景，张先生根据北方金雀的生长特性，独辟蹊径，大胆选定了制作垂柳水旱式盆景的方案（图3）。

图3　意在笔先的预期效果

为创作该盆景，张先生收集了大量的垂柳资料，从《芥子园画谱》到历代名画，从名家制作的柳树盆景到自然界的柳树，积累了丰富的素材。胡运骅先生指出，中国盆景艺术应走写意之路，所以张先生在领悟中国书画的精妙、观察自然界的垂柳、认真学习赵庆泉大师的水旱盆景作品中，体会到写意盆景的创作根蒂。

就此树而言，需大费一番功夫才能满足垂柳式的基本要求，达到写意的效果。从原桩形看，基础和主干趋向左方，上部枝条又偏向右方（图4），而制作这棵树桩需要一个统一的树势，所以张先生通过分阶段牵拉将枝条逐步调整到位，他采用蓄枝截干的手法展示枝条的顿挫，放养蟠扎技艺表现枝条的转折，使整株树的线条变化丰富（图5）。

图4　毛坯原始状态

图5　经过6年的放养、调整，将枝条统一向左调整到位

经过几年的放养、牵拉、调整，大枝线条结构布局合理，树势统一向左，根据效果图开始收进小盆培养下垂小枝条，并将中间直径达5cm的枝干舍弃，由原来的三干改变为两干。去除后下部更加疏朗，苍老感更加凸显，整个树势更加挺拔。第一次试盆时选配长1.2m、宽0.6m的椭圆形汉白玉浅沿盆，大枝线条结构初见效果，但小枝稀疏（图6），又经一年的放养，小枝条比较丰满，进行细剪蟠扎，调整每一根小枝条到最佳位置（图7、图8）。

图6　第一次完成后的效果

图7　又经放养后的效果

图8　2012年7月又进行一次修剪调整细枝条

经过多年的培养创作，张先生这盆作品终于完成了（图9、图10），当第一次映入眼帘时，我仿佛置身湖边柳旁，恰有徐徐柔风扑面、漾潆细雨侵衣之感。主树临水而生，遒劲苍老，主干拔地而起，如鹰爪般的根盘牢牢把持着湖边岸石。两大主干，一个攀延舒展、峥嵘向上，摩顶参天，垂下万千丝绦，另一个则向左伸出，直贯水面，垂下的“柳丝”仿似去那水中拂扰沉静的天光云影，上下呼应极富变化，空间布局密不透风、疏可走马。经年历久的龟纹石作为近景，与盘桓左侧、缥缈平远的山丘对比鲜明，后方华山孤峰突起，鹊山横列如屏，近树远山交相辉映，不用远眺，无限延伸之感尽收眼底。

此作可谓疏密结合，远山排列错落有致，柳枝垂于水面，孤岛没于水中，高低错落石作湖岸，绿苔藓茵当牧源，这苍髯老翁正吟诵鹊华秋色诗，那放舟渔人要网尽烟雨水中鱼。在洁白如玉的汉

图9　冬季落叶时的效果

图10　春季开花时的效果

白玉盆衬托下，显得格外清新淡雅，使人如置身云雾，把一幅“杨柳拂风风又静，鹊华烟雨雨霁晴”的美丽图画淋漓尽致地展现于方寸尺盆之间。

俗话说：“画虎难画骨，画树难画柳”，用树桩制作柳型更难，张先生巧妙地运用中国绘画之意韵与自然景物相结合，创作的这盆水旱“垂柳”，写意传神，小中见大，确是人工造、仿若天然成，容自然景致于方寸咫尺之中。纵观该盆作品，睹物生情，浮想天外，荡胸决眦，久难释怀，真乃是“盆含画意、景蕴诗情”！

本文发表于《花木盆景》2015年第12期B版

林泉禅境

浓树密荫秋意凉
山人起梦清气爽
不做神仙习禅境
只借清凉晦韬光

乙未年逸景斋

作品名称：林泉禅境

规格：长80cm，宽60cm，高70cm

树种：金雀

《林泉禅境》创作札记

张延信

以金雀制作盆景的比较常见，自古以来金雀称为盆景的四大家之首。本人2012年以金雀为主材创作的柳树状的《鹊华烟雨》盆景得到了广大盆友的认可和评委专家的一致好评，并获得第八届中国盆景展览银奖。《林泉禅境》所采用的金雀品种俗称铁杆金雀，其特点树皮为黑褐色，枝条节间短，叶小，经过多年的修剪亦出现铁骨铮铮的独特效果，花期长，花色红黄相间比较艳丽，就像一群黄雀小鸟落在枝头，因此得名“金雀”，树根生长发达易作附石盆景。春天观枝叶，夏秋赏花，深秋易出现黄叶很有秋意，冬能赏铁骨铮铮的寒枝，春夏秋冬各具特色，倍受到广大盆友的喜爱。

该金雀自2003年作为附石素材开始培养，到2008年经过5年的养护，7个干粗细高低错落基本定位（图1）。根部像鹰爪一样紧抓青石附石效果不错，但上面树干成丛林状，下面根部附石20cm高，而且体量大，上下很不协调，为下一步创作带来难度（图2）。经过构思准备做成山水盆景，将附石用石头再包裹里面，形成内外为石头，树根自石缝中自然长出的效果。于是2013年选取了一块高35cm、宽50cm的济南青纹石，该石头纹理青翠干净，变化丰富，但角度不理想（图3），为此将该石用切割锯破解成12

图1　7干粗细基本定位

图2　根部状态

图3　济南青纹石

块，并将石头内腔全部挖成一大空腔，将培养10年的附石金雀放入空腔中（图4），经过对12块石头重新调整角度组合后进行胶合达到比较理想的效果，形成了另外一个全新画面（图5）。

图4　将选好的石材破解，内部挖成空腔，将金雀放入空腔中，试看效果

图5　重新组合调整

多干丛林互生，根自石缝生，树石相合，密密匝匝如林深云境，高低错落若竣山险岛，树借山势树生风，石助树生山更美，蒙蒙云生处，清清水镜天，林泉之上有人家，临水虹曲龙游峡，山泉顺涧激流而下，拾级而上叩草扉，出家者合掌习禅，真乃“林泉禅境”，正如诗中所云：“浓树密荫秋意凉，山人起梦清气爽，不做神仙习禅境，只借清凉晦韬光”。

山水盆景与中国的山水画虽有异曲同工之处，但又有很多不同之处，绘画是意在笔先，可根据作者对大自然的意向提炼构思后用笔墨和各种色彩表达作者心中的意境，而山水盆景创作是因材制宜，将现有各种材料有机巧妙的组合，发挥到最佳效果以表达作者内心的意境。绘画可特写谋一局部，如山峰、山坡或水面等，手法运用灵活，

而制作盆景就受到材料的限制，盆景要表现出一个完整的画面，一般要有头有尾，上有天下有地，制作起来给创作者带来很多难题，当各种困难克服后并创作出一件件作品时，给作者又带来无限的愉悦。正如人们常说的，盆景的享受在于制作过程。

作品名称：林泉禅境　树种：金雀　石种：济南纹石　规格：盆长80cm

本文发表于2016年12月12日《盆景世界》公众号

树木盆景作品赏析

同舟共济

世人尽说刘关张
磅礴大义映千秋
华夏仁爱当远播
悠悠天地一方舟

庚子秋 逸景斋

作品名称：同舟共济

规格：长120cm，宽90cm，高110cm

树种：黑松

第七届世界盆景友好联盟大会暨第十二届亚太盆景赏石　**铜奖**

作品名称：如醉

规格：宽86cm，高82cm（一本五干）

树种：红枫

观松觅诗

卷松磊磊多奇樹
大夫盘踞凌山渡
不畏霜雪与冒炎
将军从来好风露

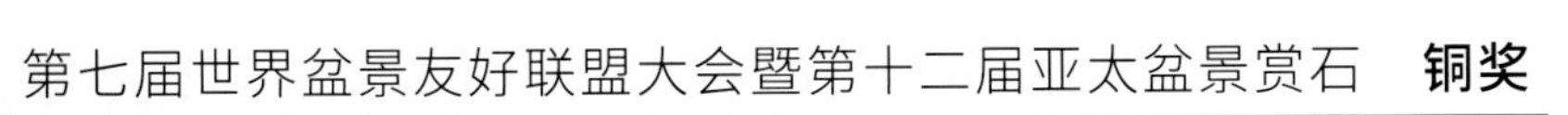

第七届世界盆景友好联盟大会暨第十二届亚太盆景赏石 **铜奖**

作品名称：观松觅诗

类型：小型树木组合

规格：宽66cm，高50cm

树种：黑松、红叶小檗（英德石盆）

相拥而立

虬枝卷劲同根生
同舟共济度春秋

丁酉逸景斋

第十四届齐文化节暨山东盆景协会联盟精品（临淄）邀请展　**银奖**

作品名称：相拥而立

规格：高90cm，宽110cm，干径20cm

树种：黑松

盆龄：20年

老杉婆娑

海外泊来不老杉
抱根破岩显巍然
清风沐浴舞婆娑
别有雅韵悦君颜

癸巳秋逸景斋

第十八届中国（寿光）2017精品盆景奇石邀请展　**铜奖**

作品名称：老杉婆娑

规格：宽70cm，高65cm

树种：澳洲杉

附石：15年

作品名称：轻舒广袖

规格：高90cm

树种：罗汉松

盆龄：19年

铁骨铮铮

如铁铸就金雀王
根似钢条枝若锥
铁骨铮铮有梅品
看君还能在夸谁

癸巳秋逸景斋

作品名称：铁骨铮铮

类型：小型树木盆景

规格：宽68cm，高58cm

树种：金雀

第六届中国沭阳花木节
第三届中国精品盆景（沭阳）邀请展　**铜奖**

作品名称：奔

规格：高75cm

树种：赤松

奔

婀娜多姿女人松
翩翩起舞奔月宫
千古松魂万古秀
昂然回首仰苍穹

戊戌秋月逸景斋

作品名称：汉苑珊瑚

规格：干径30cm，高88cm

树种：石榴

作品名称：汉苑珊瑚

规格：干径30cm，高88cm

树种：石榴

微型盆景作品赏析

逸景雅韵

YIJINGYAYUN

逸景秋韵

串串灯龙火棘挂
秋韵彩霞爬山虎
红果绿叶山里红
老鸦秋柿绽姿容
压压最美海棠果

戊戌年仲秋逸景斋

第六届中国沭阳花木节暨第五届中国精品邀请展 **金奖**

微型盆景的组合

张延信

当下，微型盆景越来越受欢迎，首先是居住城镇化空间有限，其次微型盆景可小中见大，组合后在色彩、造型用盆几架上体现丰富多彩的效果，其乐无穷。

因经常有盆景爱好者询问我如何组合好微型盆景，所以结合自己今年在江苏沭阳获金奖的《逸景秋韵》为例，就微型盆景的组合问题谈六点，以抛砖引玉，祈请专家好友指正。

一、微型盆景的组合不是数量的简单堆砌，要有主宾之分。首先确定主体很重要，

图1 《逸景秋韵》小微组合

主体有统帅整体的作用。以《逸景秋韵》为例，将左下角体量最大、造型最美、果子最多、色彩最艳丽且配盆最美的火棘做主体，它虽然在大几架之外，但起到统帅作用。其次是大几架最高位置的爬山虎，也是几架内三件主体之一，它仅次于火棘，但冠幅大、叶子红色夺目，枝干黑色，根紧抓盆土，又配德化瓷象牙白四足鼓钉盆，对大几架内其他三件作品起到带领的作用。两件主体上下呈呼应关系又对整体起到呼应效果的作用，所以这两件确认为该组合的主体，其他三件作为宾体组合。

二、微型盆景的组合应将它作为一个整体组合观赏，整体组合的效果好坏关系到成败。《逸景秋韵》所表达的就是硕果累累的红色果子和红叶的秋意。这件作品由于它的色彩及整体组合效果理想，在江苏沭阳盆景展成为大亮点，不但受到广大观赏者驻足拍照、观赏，且获得金奖。该作品由六件组成，右边为高低大几架为四件，左边一件，另外配山野草画眉管一件，虽然由六件组成，但使观赏者一看它是一个整体。主体突出效果明显，宾体紧紧围绕主体摆放恰到好处。

主宾间亦要形成呼应关系，如山楂与爬山虎两者间，一右走向一左走向，形成左右平行呼应关系（图2），老鸦柿与海棠左右也形成平行呼应关系。老鸦柿与右上角爬山虎交叉形成上下交叉呼应关系，山楂与海棠也如此，而画眉管起到点缀作用。就整体而言，山楂显得有些弱，26年的盆龄，我已培养3年，今年开花不错，但果被鸟类餐食一部分，该品种果子虽小如豆粒，但无麻点，属优良品种。微型盆景的组合如音乐的音符，有高低之分，与绘画艺术同理，有争让之别，正因这盆山楂在整体中显弱势，更能突显主体的强，这是人们在微型盆景及丛林盆景组合常用的手法。不管主体、客体各司其职，展现出好的效果，紧紧围绕“秋韵”主题，呈现出整体统一效果。

图2　微型盆景组合关系示意图

三、微型盆景的植物品种和造型要丰富多彩，表现出趣味性，尤其植物的品种不宜重复使用，避免造成绿色一片，给观赏者造成视觉疲劳。造型上悬崖、临水、直干、斜干力求多变。《逸景秋韵》虽以红色为主表达秋意，但有6种植物，且在展期达到果子最佳效果，实属不易。该组作品用了近五年的时间从构思选取品种、培养到掌握各品种的生长习性。平常对每个品种培育5~10盆备用，优选出培育最好且整体搭配效果好的作为展品。

四、微型盆景的用盆色彩与造型要多样性。就该组作品为例，五件全部为花果类品种，均采用釉盆。只有佩饰为紫砂刻花小盆。根据每件作品的造型要求和色彩的搭配要各具千秋，既表现出各自特色，又要达到整体效果丰富多彩。

微型组合的配盆很重要，配什么盆得看作者对艺术的欣赏水平。有时看似很普通的一件作品，但配盆得体，将它最美的部分突显出来，达到很好的效果，如图中悬崖型的火棘盆景。选景德镇产的白青花瓷方斗，红、白、青、褐四种颜色搭配表现恰到好处，又照顾到其他用盆的形状与色调。最低枝条下垂过盆底，既表现红色硕果累累，又极佳表现了悬崖效果，成为该组作品在造型和色彩上的一大亮点。爬山虎选用象牙白的德化四足鼓钉盆，红、白、黑三色搭配亦体现较好的效果。海棠配钧瓷窑变冷色调盆，与满树红果搭配效果亦得到观赏者的好评。微型盆景的用盆平常多注意收集，尤其是花果类盆景的釉盆，各种尺寸、造型色调都要收藏些，方便参展时搭配。我为玩好微型盆景，近年来收集大大小小的各种盆子不下200个。

五、微型盆景的几架造型和尺寸多变性。微型盆景的几架为盆景服务，如几架缺少变化便不能更好地突出盆景主体。小几架根据盆景整体和具体品种、造型、尺寸来决定。如火棘选用老挝大红酸竹节正方几，虽然该盆景体量看似较重，但几架四腿下方是呈四腿八挖造型，增加视觉稳定感。再如爬山虎因左右冠幅较大，所以采用20cm×15cm×3cm的阳线四角弧形长方几，用大面积增加对盆景视觉的稳定感。该组大几架高低错落造型，架内两件空间较大，摆上盆景加小几架后仍留有一定空间，视觉上不拥堵。组合时注意大几架的四件作品要高低错落，防止纵向在一条直线交错变化。总之，大几架宜选用高低错落且内档空间大些为好，小几架根据每盆的品种和盆的造型颜色等因素，以服从整体效果为原则。

六、微型盆景的组合就像中国的花鸟画一样，它体现的是趣味性。平时有条件可多组合一下拍拍照，从中找出规律与不足，直到调整到自己认为满意的效果再拍照定稿或参展。

拍照最好在室内摄影棚完成，不受外界光线的影响留有阴影。尤其是对微型盆景的拍摄，可在细节上展现更好的效果。根据自己的经验背景布采用浅灰色效果好些，其次白色。

拍照完成制版时，将题名、诗句、落款、印章按照中国画的基本要求放到留白的合适位置，对画面起到一个平衡的作用。将中国传统的诗、书、画、印多元文化集盆景为一体，体现民族文化特色。

总之，经过以上手法的处理，六件作品错落有致变化多样，植物品种、用盆造型、盆子色调均做到既有变化且突出主体又确保整体统一，整体效果丰富多彩，造型各异。如大家掌握以上方法，平时多观察学习他人作品的特点，找出现存的不足，不断提高自己的鉴赏能力和组合布展能力，定能组合出更好的微型组合盆景。

本文发表于《中国花卉盆景》杂志2018年第12期

逸景雅韵

静尘心无碍
耳边松柏风
几时秋意起
果香夏叶红

庚子夏末 逸景斋

第十届中国盆景展　**银奖**

作品名称：逸景雅韵

树种：黑松、真柏、爬山虎、石榴、姬苹果

逸景画雅

石化桧林画意浓
金叶米冬珍珠晶
石榴满枝柳叶萌
梅开逸景画雅情

戊戌醉月

逸景冬雅

金豆圆融称善果
海棠风雅介梅寿
桧柏清奇风骨老
独步群芳自风流

己亥孟冬

作品名称：逸景冬雅

树种：真柏、连山桧、红银花长寿梅、金豆

紫气东来

仙翁本座上清宫
指天问地道玄空
人言紫气东方来
哪知原出花木中

丁酉年逸景斋

获山东省盆景协会联盟成立大会暨首届盆景书画展　**金奖**

作品名称：紫气东来

禅悟

春有百花秋有月
夏有凉风冬有雪
静心看透炎凉事
千古不做梦里人

丙申年逸景斋

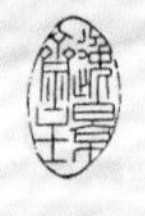

获第九届中国盆景展览暨首届国际盆景协会（BCI）中国地区盆景展览 **优秀奖**

作品名称：禅悟

作品名称：秋韵横生
植物：山楂、菖蒲、爬山虎

小品清供

作品赏析

逸景清供

YIJING QINGGONG

火棘、画眉管

爬山虎、画眉菅

知风草

爬山虎、老鸦柿

太湖石，高24cm

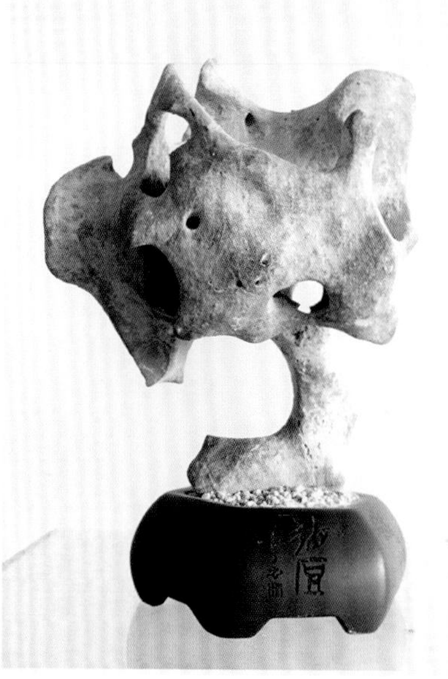

太湖石，高10cm

英德石，高25cm

英德石，高28cm

《待月》太湖石，高10cm

黄杨木青刀工

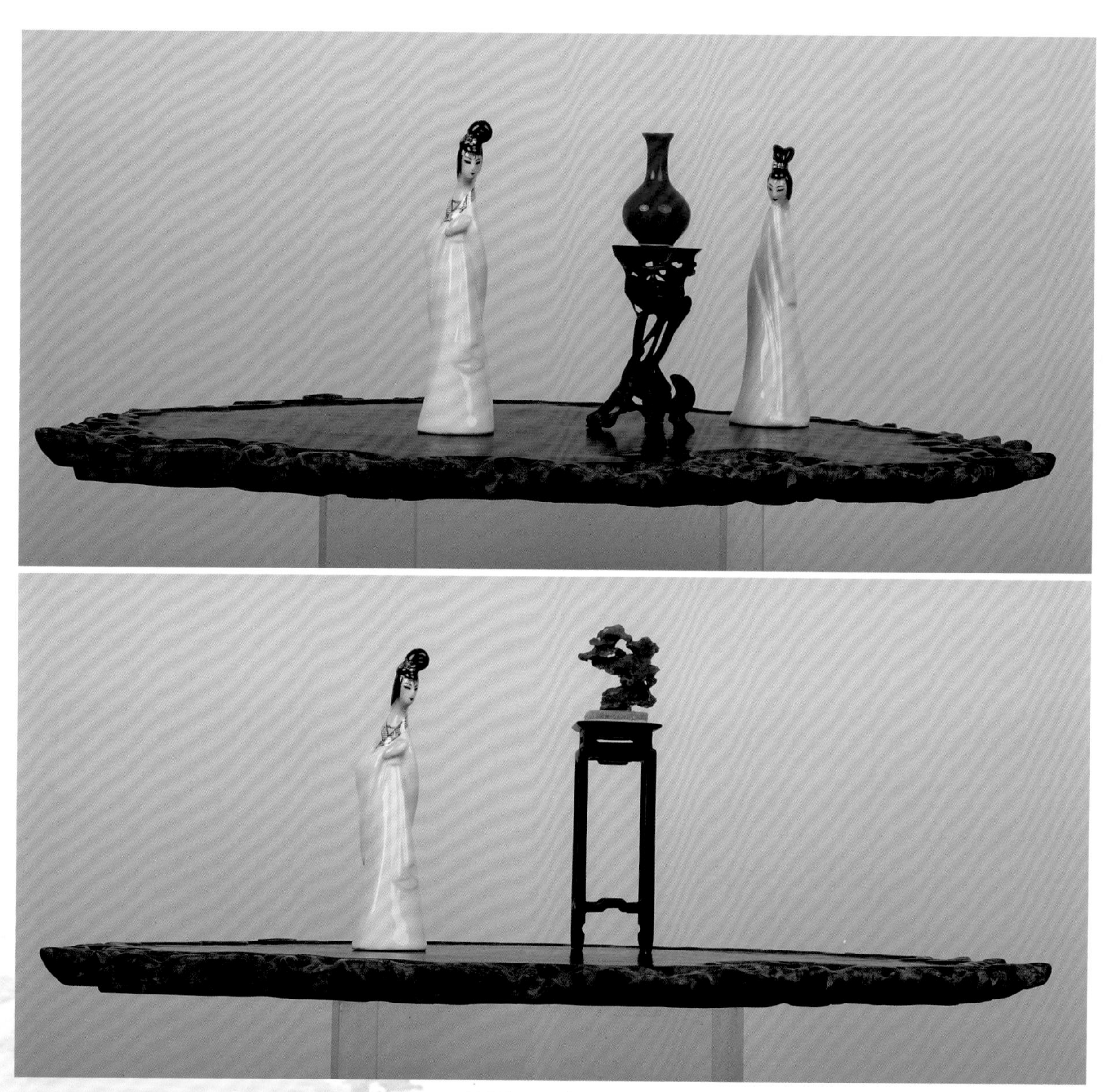

风砺石，高4cm

针茅

针茅　　血茅

桑葚、竹子、菖蒲

油竹、太湖石，总高28cm

英德石，高12cm

白太湖石、菖蒲、画眉草

系鱼川真柏，段泥色紫砂盆

金豆

栒子

爬山虎、菖蒲

长寿冠附太湖石

银寿梅附石

三角枫

附石菖蒲

花叶常春藤

酢浆草

山楂

连山桧

水仙、铜钱草

血茅、太湖石

铜钱草

杜鹃花

黑松

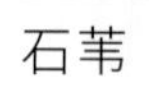

石苇

油竹附太湖石，天然玛瑙石盆

黑松

老鸦柿

菖蒲、铜钱草

画意诗心　珠联璧合

张延信

我国的盆景艺术，有着悠久的历史和卓越的艺术成就，尤其山水盆景和水旱盆景，它源于生活，取于自然，巧夺天工，将大自然的美景浓缩于方寸之中，寓诗意于丘壑泉林、山川幽草之中，蕴画境于四季交替、勃勃生机之中，是自然和人工美的高度统一。这类盆景的表现形式非常独特，创作者可以指点江山，驱山走海，将千里风光收于盆盎之间，使盆景艺术达到既是自然的，又是艺术的；既是抽象的，又是具体的，达到“立体的画”“无声的诗”的艺术境界。

山水盆景和水旱盆景艺术与我国传统书画章法、笔墨、意境，有着密切的联系。中国古代山水画家融儒、道、释思想于一炉，他们进则仕，退则隐，隐则纵情于山水，与烟云为友，焚香参禅，以听泉为乐。创作了许多优秀的书画作品，给后世留下了丰厚宝贵的文化遗产。同时对山水盆景的艺术构思与创作也产生了深刻的影响。

时代在变化，盆景制作亦需要创新。现今，山水盆景、水旱盆景制作高手不乏其人，传统盆景艺术如何在现有基础上借鉴书画艺术不断创新是一个新的课题，我在盆景制作过程中不断学习汲取书画艺术的营养，在水旱盆景《云林逸景》《山水清音》的制作过程中，借鉴元代画家倪瓒（云林）画风“疏而不简，简而不少”，以萧疏见长的特点，在构图上采用“阔远法”，注重在选材上下功夫，从近景的石坡丛树，茅屋幽亭，中远景的坡岸或山峦，都几经构思，做到章法至简，意境幽深，恰到好处，努力体现出云林画作的遗韵。同时，在盆景制作完成后，为了更好地渲染升华意境，唤起联想作用，达到扩大景观，景中寓诗，诗中有画，景外有景的效果，在盆景与诗、书画、印的结合上也初步做了一些探索。

《山水清音》配诗用印效果

《山水清音》未配诗用印效果

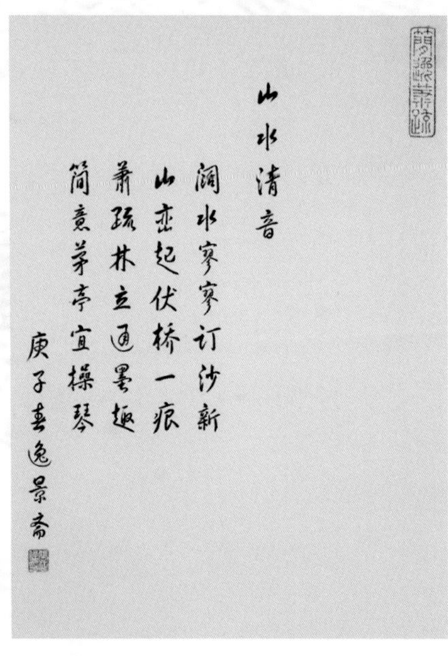
山水清音
涧水寥寥订沙新
山峦起伏桥一痕
萧疏林立通墨趣
简意茅亭宜操琴
庚子春逸景斋

《山水清音》所配诗用印

张延信盆景常用章

“钟鼎之有款识，绘画之有题跋”，由来已久。诗书画印于一体，是中国传统绘画艺术的独特风格。清人方薰《山静居画论》中说：“一图必有一款处，题是其处则称，题非其处则不称，画故有题而妙”。如元代王冕画《墨梅图》，未题款时仅是一幅梅花图，当题上“吾家洗砚池头树，个个花开淡墨痕，不要人夸好颜色，只留清气满乾坤”的诗款后，作品的境界立刻得到升华，并成为千古绝唱。另黄宾虹先生作山水图，初看仅普通山水画而已，但题上“约看西湖十月红，掉头归舟又成空，年光如水心如梦，人在西楼暮雨中”诗句后，“江湖夜雨十年灯”的低徊梦境跃然纸上。

盆景的题名与书画题款极为相似，诗联佳句均可含蕴达意。如果我们每一件盆景的题名，都能够经过反复思考推敲，达到既符合盆景的特色，又体现作者的思路，为广大观者所接受，效果肯定是不一样的。简单举个例子：我们做一山水盆景，盆中山石林立，水中有一小舟，题上“轻舟已过万重山”，观者立马会想到李白的诗句，从而追溯历史，扩大了时空，深化了盆景的意境，诱发了欣赏者的诗情画意。

由此，我在制作完成《泊舟远眺》《云林逸景》《山水清音》等山水盆景之后，经过反复斟酌，本着内容要贴切，辞句要精炼，寓意要含蓄的原则，分别题写了诗句：

“近岸泊舟登高岗，背倚青松望平洋。举首戴日海天外，蓬岛仙山鹤来翔。”

“疏林依稀焦墨迹，浅草萋萋净无泥。水天一色骋目力，云烟尽处青山低。”

“阔水寥寥汀沙新，山峦起伏桥一痕。萧疏林立通墨趣，简意茅亭宜操琴。”

同时配上相应内容的印章，盆景与诗书印合壁，更加接续了物象生机，增添了画面趣味，增强了盆景的表现力。进一步融中国传统文化为一体，达到了形式与内容的完美统一。体现出中华民族盆景艺术的特色！

本文章发表于《花木盆景》杂志2020年第7期B版

佳构初成

逸景纵目

YIJINGZONGMU

千峰竞秀 附石山水制作中

组合效果

意在笔先效果图

初次尝试将用附石的技法制作山水盆景，将石槽设计加工在英德石的背面，根据个人立意将石槽上端留在合适位置。解决多年来盆景界山石栽树的困难问题，待附石榆树长成后达到天衣无缝的效果，树借山势，石因树而活，树石合一，形成新的生命体，真正实现为活的盆景艺术。

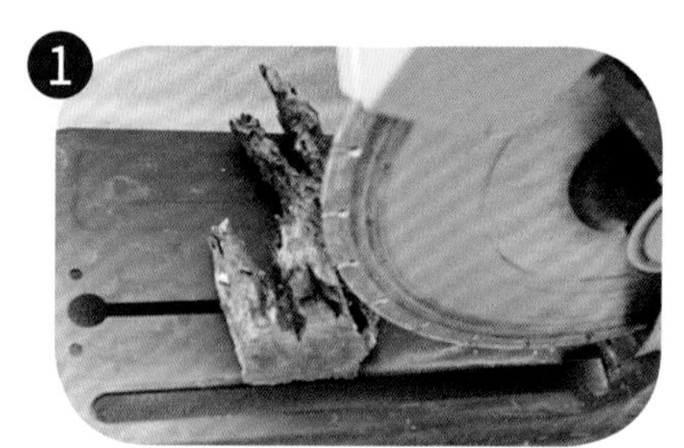

切割石底图

切割石槽

用磨头加工出燕尾槽

左边小组粘接后效果

在石头背面加工燕尾槽

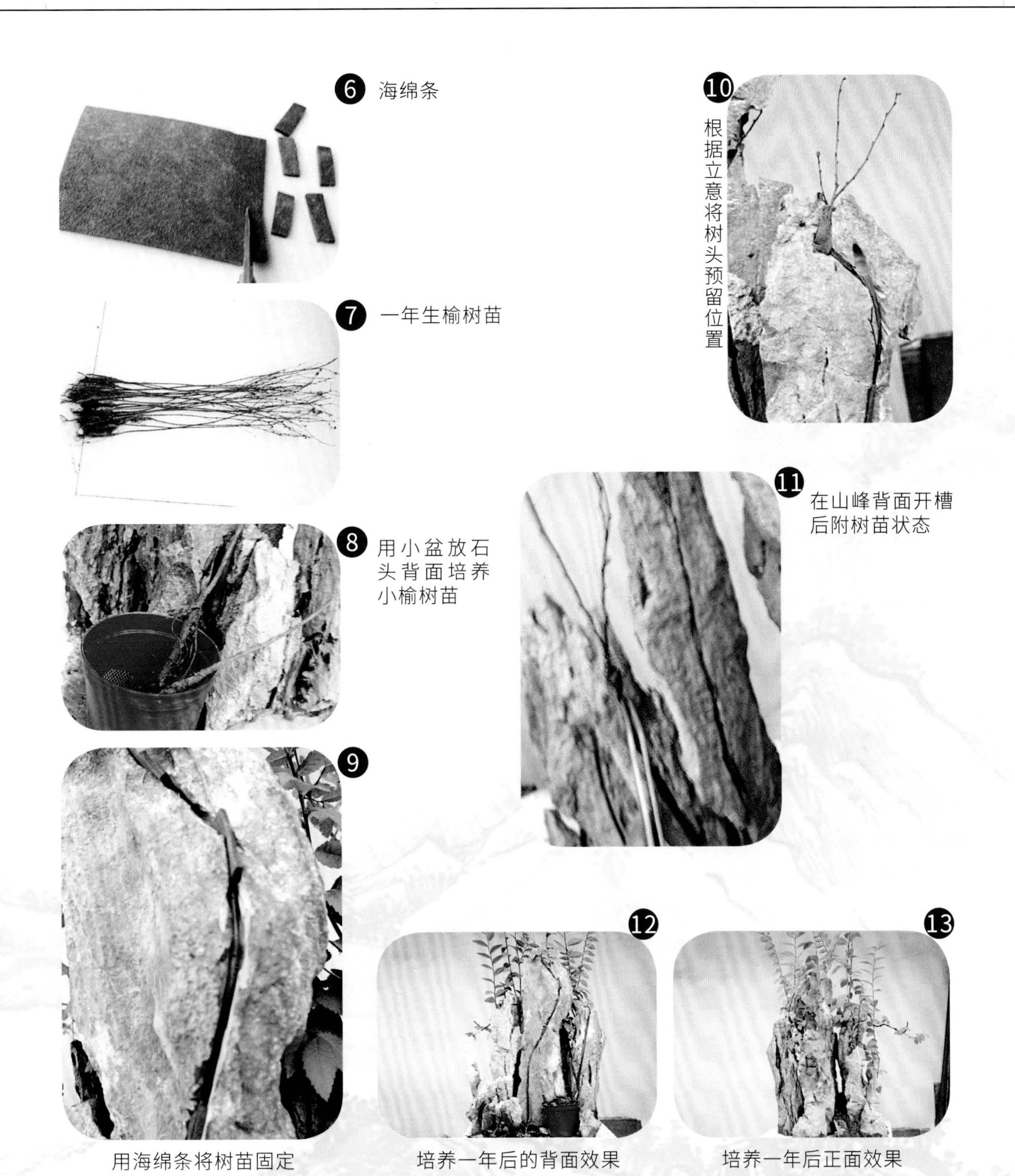

6 海绵条

7 一年生榆树苗

8 用小盆放石头背面培养小榆树苗

9 用海绵条将树苗固定

10 根据立意将树头预留位置

11 在山峰背面开槽后附树苗状态

12 培养一年后的背面效果

13 培养一年后正面效果

赤壁游 制作中

制作中的《赤壁游》预期效果图　济南纹石

制作中的《溪桥野色》预期效果图　济南青石

崖上风云

将直径50cm的大理石打眼预留排水口

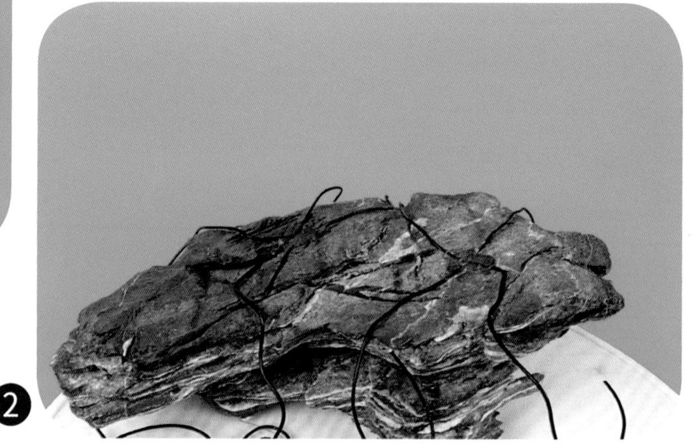

将石头顶部固定铝丝，固定树用

试放石头后的效果

选取两组丛林三角枫

试放两组丛林三角枫后的效果

试组合后的效果

做部分沙滩后的效果

附石篇

小型观赏石附石交流谈

自近年来开始试验，尝试采用较好形态的小型赏石创作观赏价值更高的附石盆景。

选取的赏石，既符合传统的瘦、漏、透、皱又有现代观赏标准的形、质、色、纹的云头雨脚英德石、太湖石作为主体。在不影响观赏石的沟槽、石洞、石缝等原本有的观赏石美点以外部位加工附石石槽，尽量保留观赏石原有的观赏效果，做到树不掩石之美。选取一年生榆树、枫树类树苗作为客体。

对选取的石头，首先用电动切割锯和磨头加工出燕尾槽，燕尾槽的加工线路做到曲折、藏露、起伏顺势而为。

然后将加工好的赏石，选取得体的紫砂盆或釉盆，采用云石胶将石头与盆粘接固定到最佳位置。

最后将一年生直径2～3mm的树苗附进燕尾槽，分段用海绵条加以固定。由于石槽外口仅有3mm，内腔5mm宽，一般水线三年后即可开始包裹石头。树冠和分枝培养，根据赏石的特点设计，做到意在笔先，最好先画效果图，满意后确定培养的方向。

对于枝条的培养一般采用杂木类蓄枝截干修剪的方法。树不要长得太大，不与石争宠，石为主体树为客体，水线有争有让，有曲折、藏露、起伏变化，形成新的亮点。由于石槽窄，预计六七年即可达到完美效果，树借山势可临水、悬崖、丛林多干形式；石因树而活，两者形成新的生命体。虚实优劣互补，阴阳转换，相得益彰，树石都要靓，树石互相辉映，锦上添花。

榆树附太湖石

❶ 太湖石

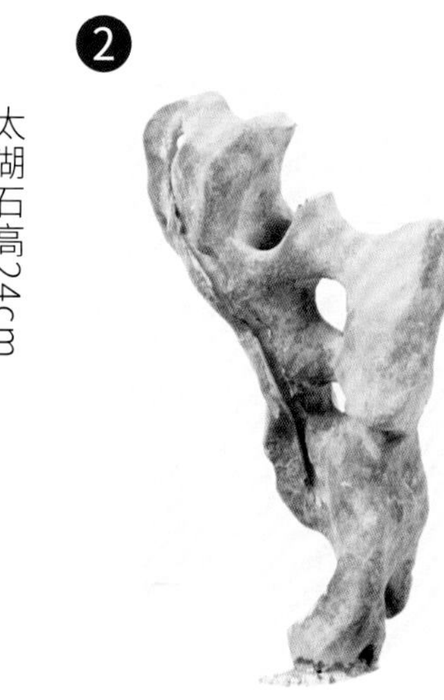
❷ 太湖石高24cm

❸ 将石槽加工为既有藏露又有转折起伏的状态

❹ 预计达到的效果图

❺ 放养中

❻ 一年生长的效果

附石案例

附英德石

❶
英德石高24cm

❷
舍弃下面一部分的效果

❸
预计达到的效果图

太湖石高45cm

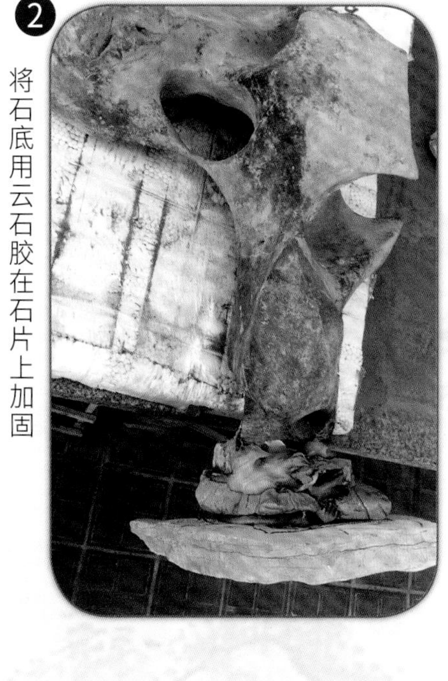

将石底用云石胶在石片上加固

将加固后的云头雨脚石试放一下配盆效果

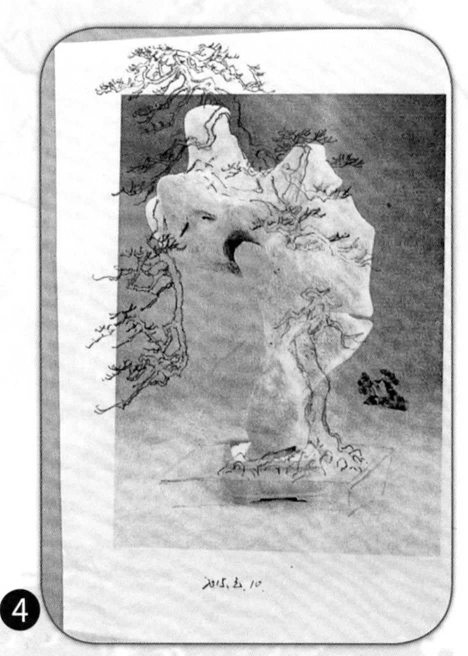

预计达到的效果图

5 加工的燕尾槽效果

6 附上树苗的状态

7 附石2年后的效果

小花叶榆　原盆效果

原英德石状态

试放一下的效果

树借山势，石因树而活，形成新的生命体，初步达到预期效果

松柏篇
松柏类佳构初成

曲干黑松

2006年，将原始树截取、调整初始状态

2012年，经过6年放养调整后状态

2013年，改变观赏面重新调整

2014年，换盆后的初步效果

《同舟共济》三干黑松制作过程

2006年，毛坯树状态

2016年，放养调整后的状态

2018年，调整后的状态

2018年，复整后的状态

2019年，佳构初成

2020年，进行了短针处理后的效果

曲干侧柏

2011年，毛坯状态

2014年，经4年放养，从无叶到枝繁叶茂状态

2014年，经过4年放养，从无根到根部生长旺盛状态

2015年，进行了开坯调整处理

2015年，经5年放养，初次开坯效果

1

2014年，经过3年的毛坯培养，上盆后效果

2

2016年，对该树干做了两条既有扭曲又有藏露的水线，处理后效果

3

2018年，进行嫁接真柏改造处理后佳构初成

悬崖侧柏

2011年，毛坯状态

2016年，经过5年放养后，将下部截取后的状态

2018年，干径30cm，换盆调整角度后继续放养

2020年，又换方形的紫砂盆调整嫁接改造真柏，佳构初成

2011年，毛坯背面状态

2011年，毛坯正面状态

2018年，下地放养

2018年，下地后右边效果

临水型侧柏

2012年，毛坯状态

2012年，下地遮阴培养

2013年，培养效果

2015年，开坯效果

2018年，下地培养、调整、放养、嫁接效果

2019年，修剪后效果

2020年，嫁接改造后的效果

浅谈用盆

配盆效果

PEIPENXIAOGUO

丛林榉树的配盆

原配长方盆，体现不出丛林树野趣

选取一块长23cm、宽18cm、厚1cm的天然风砺石板，该石板颜色和紫砂别无二样

上面粘尼龙网和铝丝

加工后的状态

试放后的状态

将树固定后并铺上苔藓后的状态

改变配盆完成后，体现出该树丛林的自然野趣

观松觅诗的配盆

一般常规配盆状态

选取一块40cm×30cm×20cm的天然石盆

拟配红叶小

将树固定后的效果

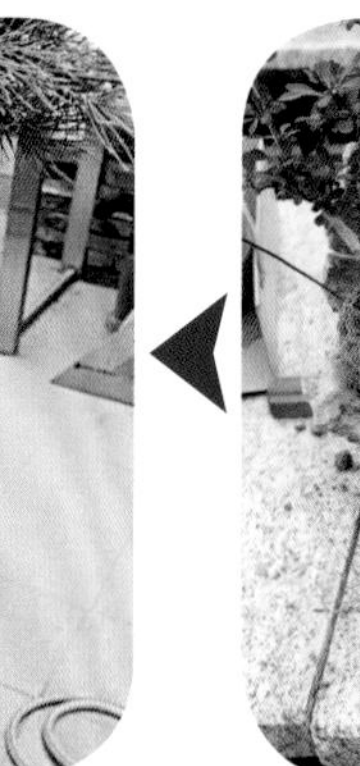

将树试放后立即体现出根部抓地的自然观赏点

将石盆用粗沙打

用电动工具打排水眼

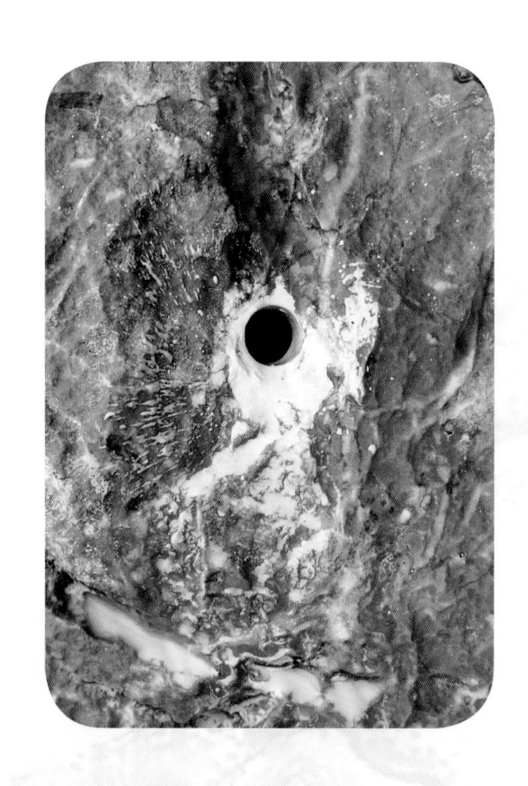

观松觅诗

苍松磊磊复奇树
大夫盘踞凌山渡
不畏霜雪与暑炎
将军从来好风露

配上小草并铺上苔藓后的效果，体现出该黑松根部抓盆，上部具很强的悬崖动感之美

固定防虫网状态

将原树取出

临水真柏的配盆

2016年常规圆形紫砂盆状态

2017年换上异形紫砂盆，初步张扬出该树的临水动感，但盆有点小，给人一种失衡的感觉

2018年经过3年的生长，叶子更加丰满，换上大一号段泥异形盆后达到视觉上平衡又不失临水动感，相得益彰，达到了理想的效果

盆景
逸景齋
交流
花絮

参展

再平凡的个体
内心深处都藏有一个
艺术创造的梦想
方
趣

2012
第八届中国盆景展
The 8th Chinese Penjing Exh
中国·安康

'2008 第七届中国盆景展览会

2019年中国北京世界园艺博览会

山东·济南市

第十届全国盆景展
The 10th National Bonsai Exhibition
展览时间：2020.9.28-10.05
Exhibition time: September 29-October 05, 2020

觀松覓詩
铜奖

中國風
盆景展

第14届齐文化节暨山东盆景协会联盟精品（临淄）邀
开幕式
主办单位：第十四届齐文化节临淄区领导小组
山东省盆景协会联盟

金奖

作者经常参加社区公益讲堂活动

2017年山东省盆景联盟成立大会盆景展领奖

2019年遵义国际盆景赏石大会领取奖牌

与盆景大师合影

与胡运骅先生合影

接受中盆会理事长陈昌先生颁奖

与赵庆泉先生的合影

与郑永泰先生的合影

与魏积泉先生的合影

与史佩元先生的合影

与黄就成、李云龙先生合影

与范义成先生在琅琊园合影

与张夷先生的合影

与王恒亮先生的合影

与盆景大师合影

与张志刚先生的合影

在展会上与史佩元、沈柏平先生留影

在赵庆泉先生办公室留影

参观杨派盆景博物馆与赵庆泉先生合影

与张先觉先生的合影

参观临沂琅琊园与范义成先生合影

书画界朋友

著名书法家于化龙先生题写“逸景斋”匾款

与书画界和盆景界朋友小聚

上网查阅资料

经常交游于书法·绘画·篆刻界的朋友

后记

中华文化源远流长，盆景文化绚烂多姿。古往今来，有多少盆景名作或列于庙堂之上，赚得君王带笑看，或供于书斋之内，伴学人苦读冥想，或陈于园林一隅，闻泛舟清歌，或布于楼榭亭台，陪貂蝉拜月祝祷。有多少盆景作品陪伴文人雅士低吟长啸，有多少盆景作品进入征将戍人的思乡清梦。或许也目睹过乌衣巷口夕阳斜，或许也见证了贵妃研墨、力士脱靴的风流与癫狂，或许也在扬州十日里难逃血泪浩劫。或许也曾有随迁客骚人、商贾僧侣翻山越岭，远涉重洋。也曾花开域外，子孙绵迭，别成样貌，也有流入禅房另具风范。俱往矣，由于盆景艺术的特殊性，难以像石器、甲骨文、青铜器、陶器、建筑物那样能求之于考古发现，而再现姿容，不能像诗歌那样口耳相传，千载流传；不能像书法绘画那样束之高阁，藏之名山，而辗转再现；只能从壁画中、诗歌里，见其一鳞半爪，闻其高风逸韵！然而，虽万死而不复，却空山有余响，看而今，盆景名作频出，大家林立，风格多样，普及于全国各地，影响至欧美诸异邦，洋洋大观！

感叹盆景艺术传之久远，流布四方的同时，有识之士常常做更深入的思考，有从技艺入手，广取博收，于水、肥、土、盆钵、几架、配件诸项，吸收新技术，尝试新材料，试用新方法，以求提高养护水平，增强展示效果，有从发现新品种，试用新的繁育方法，丰富盆景植物素材种类入手，以图开拓盆景表现空间，丰富表现内容；有在布局形式、造型风格以及植物本身特有风格的运用方面孜孜以求，不懈努力；新时期的盆景艺术，蓬勃发展，成绩斐然！

盆景是有生命的艺术！是使生命以艺术形式的呈现。然而，同样的素材，在不同艺术家手中，又会展现出不同的艺术风采，所以对于盆景艺术风格的探索，意境的追求，也就具有了无限空间！

在尊重生命的前提下，我把盆景、诗、书、画、印进行比较，对构成盆景的线条、空间进行研究；对构图当中的虚实、留白等普遍规律归纳总结，对形式美、抽象美、内容和形的关系进行深入思考，并在创作当中应用实践，受益良多。我认识到，艺术有共性——中国艺术都讲究格调、韵律、节奏；艺术受文化和地域影响，所以有流派和风格的差异，而风神别具，异彩纷呈；艺术无国界，盆景艺术翻山越岭，远渡重洋，生根发芽；艺术是有规律的，它在我们的探索实践中会逐步显现出来，规律也是发展变化的，它会指导我们创作，也会阻碍我们发展，那就要突破，要创新，探寻新的规律，遵循新的规律，然后还要寻求不断的、新的突破。

大道无形，殊途同归，正所谓“道可道非常道”，各个方向的研究探索，不同层面的创新进步，都会为盆景艺术的发展推动助力，为盆景事业的发展贡献力量！

在我的学习和创作中，受到诸多大师的熏陶和教导，特别是胡运骅先生、赵庆泉先生的宏观指引和具体指导，使我对盆景诗情画意的认知，对写意在盆景创作中的重要意义，都有了进一步提高和深刻感悟，对盆景艺术发展方向有了充分的认识和把握，在本书出版之际，两位先生不吝笔墨，欣然作序，是对我的鼓励和鞭策。在这里，我对两位先生表示衷心感谢！

对为本书题写书名的著名书法家徐文泽教授，表示感谢！对所有指导帮助我的盆景界的师友们表示感谢！对为本书出版给予帮助的朋友们表示感谢！

愿本书所言能给读者有所帮助！

希望方家斧正偏颇，不吝赐教！

2020年2月22日于逸景斋